高职高专"十二五"规划教材

低压电器控制线路的安装与维修

王宏亮　主　编

杜国华　宋秀玲　副主编

化学工业出版社

·北京·

本书内容包括生产实践活动中的供配电管理、常用电工仪表的使用、一室一厅家庭照明电路的安装、电机、低压电器元件、三相异步电动机典型控制电路安装及调试等六个项目17个任务，每个任务采用项目驱动的方式编写。

可作为高职高专电气自动化、机电一体化等专业的教材，也可供从事低压电器方面的操作人员学习参考。

图书在版编目（CIP）数据

低压电器控制线路的安装与维修/王宏亮主编. —北京：化学工业出版社，2015.1（2023.4重印）
高职高专"十二五"规划教材
ISBN 978-7-122-22255-8

Ⅰ.①低… Ⅱ.①王… Ⅲ.①低压电器-控制电路-安装-高等职业教育-教材②低压电器-控制电路-维修-高等职业教育-教材 Ⅳ.①TM52

中国版本图书馆 CIP 数据核字（2014）第 258652 号

责任编辑：廉　静　　　　　　　　　装帧设计：刘丽华
责任校对：陶燕华

出版发行：化学工业出版社（北京市东城区青年湖南街 13 号　邮政编码 100011）
印　　装：北京科印技术咨询服务有限公司数码印刷分部
787mm×1092mm　1/16　印张 8¼　字数 203 千字　2023 年 4 月北京第 1 版第 8 次印刷

购书咨询：010-64518888　　　　　　　售后服务：010-64518899
网　　址：http://www.cip.com.cn
凡购买本书，如有缺损质量问题，本社销售中心负责调换。

定　　价：26.00 元

前　言

　　《低压电器控制线路的安装与维修》是高等职业院校机电类专业的一门技能实训课程，本书以中、高级维修电工以及工作岗位职业能力和职业素质为目标，为使学生熟悉低压电器的基本知识，掌握低压电器控制线路的安装与维修的基本知识与方法，培养学生低压电器控制线路的安装与维修的基本技能。

　　针对本课程实践性、实用性强的特点，在教学内容的选取上以培养技能型专业人才为出发点，以满足岗位职业技能需求为目标，以真实的工作任务或产品为载体设计教学过程。本课程主要采用任务驱动教学法，按照典型工作任务对应的职业能力为培养重点，充分体现职业性和实践性的要求，参照国家相应的职业资格标准，通过岗位调研，与企业共同确定岗位，按岗位能力确定岗位人才培养规格，确定人才培养目标。按职业岗位工作过程的完整性配置课程、构建课程体系。按典型工作任务需求选择课程内容，课程内容反映职业标准。

　　全书内容包括生产实践活动中的供配电管理、常用电工仪表的使用、一室一厅家庭照明电路的安装、电机、低压电器元件、三相异步电动机典型控制电路安装及调试六个项目 17 个任务，每个任务采用项目驱动的方式编写。

　　本课程建议教学学时为 72 学时，各学校可根据教学实际灵活安排。各部分内容学时分配如下表

学时分配表

课程内容	学 时 分 配		
	理　　论	实　　践	合　　计
项目一：生产实践活动中的供配电管理	6	6	12
项目二：常用电工仪表的使用	4	4	8
项目三：一室一厅家庭照明电路的安装	4	6	10
项目四：电机	4	8	12
项目五：低压电器元件	4	4	8
项目六：三相异步电动机典型控制电路安装及调试	6	16	22
总计	28	44	72

　　本书为校企合作教材，由王宏亮担任主编，杜国华、宋秀玲担任副主编。具体编写分工为：项目一、项目二由王宏亮编写，项目三、项目四由宋秀玲编写，项目五、项目六由杜国华编写。晋城富士康机器人事业处相关技术人员参与整个编写过程。

　　由于编者水平有限，书中难免存在不妥之处，恳请使用本书的师生和读者批评指正，以期不断提高。

编者
2014 年 10 月

目 录

项目一

生产实践活动中的供配电管理 ▶▶▶

任务一　电力系统的基本组成

第一部分　教学要求

● **教学目标**

知识目标：
① 了解电力系统的组成。
② 了解电力网的组成。

第二部分　教学内容

知识链接　电力系统

一、电力系统的组成

电力系统是由发电厂、变电所、输电线、配电系统及负荷组成的整体，其任务是生产、变换、输送、分配、消费电能。

（一）发电厂

发电厂是利用发电机将各种形式的自然能转化为电能的工厂，也称为发电站，是电力系统的核心，一般建在动力能源比较丰富的地区。

根据所利用的自然能的不同，发电厂可分为火力发电厂、水力发电厂、核能发电厂、风力发电厂、潮汐发电厂、太阳能发电厂等多种类型。

1. **火力发电厂**

采用煤炭作为一次能源，利用皮带传送技术，向锅炉输送经处理过的煤粉，煤粉燃烧加热锅炉使锅炉中的水变为水蒸气，经一次加热之后，水蒸气进入高压缸。为了提高热效率，应对水蒸气进行二次加热，水蒸气进入中压缸。通过利用中压缸的蒸汽去推动汽轮发电机发电。火力发电厂如图1-1所示。

图1-1 火力发电厂

2. 水力发电厂

水力发电厂见图1-2，将水具有的重力势能转变成动能的水冲水轮机（见图1-3），水轮机即开始转动，若将发电机连接到水轮机，则发电机即可开始发电。如果将水位提高来冲水轮机，可发现水轮机转速增加。因此可知水位差愈大则水轮机所得动能愈大，可转换的电能愈高。这就是水力发电的基本原理（见图1-4）。

3. 核能发电厂

核能发电厂见图1-5，通过核岛（一回路）的核裂变放热，在高压下加热水使其达到高温蒸发进入常岛（二回路），高压的过热水蒸气进入汽轮机，通过喷嘴加速冲击汽轮机转子上的动叶，将一部分的热能转化为机械能。汽轮机转子的转动带动发电机发电。做功完成的水蒸气进入凝汽器，给水泵后再次进入核岛吸热。

图1-2 水力发电厂

图1-3 水轮机

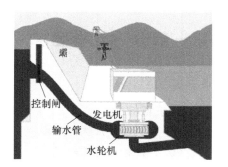

图1-4 水力发电原理

4. 风力发电厂

把风的动能转变成机械动能，再把机械能转化为电力动能，这就是风力发电。风力发电的原理是利用风力带动风车叶片旋转，再透过增速机将旋转的速度提升，来促使发电机发电。依据目前的风车技术，大约是每秒三米的微风速度（微风的程度），便可以开始发电。风力发电正在世界上形成一股热潮，因为风力发电不需要使用燃料，也不会产生辐射或空气污染。如图1-6所示。

5. 潮汐发电厂

潮汐发电与普通水力发电原理类似，通过出水库，在涨潮时将海水储存在水库内，以势能的形式保存，然后，在落潮时放出海水，利用高、低潮位之间的落差，推动水轮机旋转，带动发电机发电。差别在于海水与河水不同，蓄积的海水落差不大，但流量较大，并且呈间歇性，从而潮汐发电的水轮机结构要适合低水头、大流量的特点，潮汐发电如图1-7所示。

图1-5 核能发电厂

图 1-6　风力发电

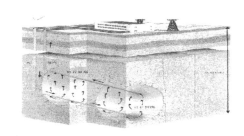

图 1-7　潮汐发电

6. 太阳能发电厂

太阳能发电（见图 1-8）是利用电池组件将太阳能直接转变为电能的装置。太阳能电池组件是利用半导体材料的电子学特性实现光电转换的固体装置，在广大的无电力网地区，该装置可以方便地实现为用户照明及生活供电，一些发达国家还可与区域电网并网实现互补。目前从民用的角度，在国外技术研究趋于成熟且初具产业化的是"光伏—建筑（照明）一体

图 1-8　太阳能发电

化"技术，而国内主要研究生产适用于无电地区家庭照明用的小型太阳能发电系统。

（二）电力网

电力网是由若干变电所和各种不同电压等级的电力线路组成的输送、变换、分配电能的网络，是联系发电厂和电能用户的中间环节。

发电厂一般建在动力资源丰富的地区，如我国的中西部地区，电能用户则大量集中在城市和工业中心，如我国的东部地区，因此，发电厂的电能必须远距离传输。电路理论表明，传输同样的电功率，电压越高，电流越小。为减小传输电流，降低输电线路中的电能损耗和电压损失，应当采用高电压输送电能。

电网由输电网和配电网构成，图 1-9 所示为电网、电力系统、动力系统构成图。

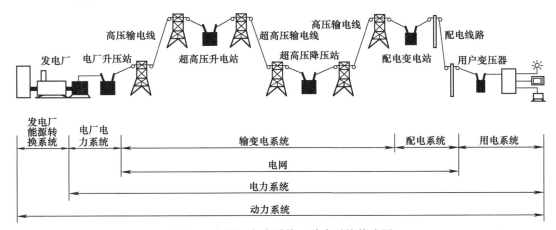

图 1-9　电网、电力系统、动力系统构成图

输电网是电力系统中最高电压等级的电网，是电力系统中的主要网络（简称主网），起到电力系统骨架的作用，所以又可称为网架。在一个现代电力系统中既有超高压交流输电，又有超高压直流输电。这种输电系统通常称为交、直流混合输电系统。

配电网是将电能从枢纽变电站直接分配到用户区或用户的电网，它的作用是将电力分配到配电变电站后再向用户供电，也有一部分电力不经配电变电站，直接分配到大用户，由大用户的配电装置进行配电。

在电力系统中，电网按电压等级的高低分层，按负荷密度的地域分区。不同容量的发电厂和用户应分别接入不同电压等级的电网。大容量主力电厂应接入主网，较大容量的电厂应接入较高压的电网，容量较小的可接入较低电压的电网。

配电网应按地区划分，一个配电网担任分配一个地区的电力及向该地区供电的任务。因此，它不应当与邻近的地区配电网直接进行横向联系，若要联系应通过高一级电网发生横向联系。配电网之间通过输电网发生联系。不同电压等级电网的纵向联系通过输电网逐级降压形成。不同电压等级的电网要避免电磁环网。

电力系统之间通过输电线连接，形成互联电力系统。连接两个电力系统的输电线称为联络线。

二、电力系统互联

电力系统互联可以获得显著的技术经济效益。它的主要作用和优越性有以下几个方面。

① 更经济合理开发一次能源，实现水、火电资源优势互补。

各地区的能源资源分布不尽相同，能源资源和负荷分布也不尽平衡。电力系统互联，可以在煤炭丰富的矿口建设大型火电厂向能源缺乏的地区送电，可以建设具有调节能力的大型水电厂，以充分利用水力资源。这样既可解决能源和负荷分布的不平衡性，又可充分发挥水电和火电在电力系统运行的特点。

② 降低系统总的负荷峰值，减少总的装机容量。由于各电力系统的用电构成和负荷特性、电力消费习惯性的不同，以及地区间存在着时间差和季节差，因此，各个系统的年和日负荷曲线不同，出现高峰负荷不在同时发生。而整个互联系统的日最高负荷和季节最高负荷不是各个系统高峰负荷的线性相加，结果使整个系统的最高负荷比各系统的最高负荷之和要低，峰谷差也要减少。电力系统互联有显著的错峰效益，可减少各系统的总装机容量。

③ 减少备用容量。各发电厂的机组可以按地区轮流检修，错开检修时间。通过电力系统互联，各个电网相互支援，可减少检修备用。各电力系统发生故障或事故时，电力系统之间可以通过联络线互相紧急支援，避免大的停电事故，提高了各系统的安全可靠性，又可减少事故备用。总之，可减少整个系统的备用容量和各系统装机容量。

④ 提高供电可靠性。由于系统容量加大，个别环节故障对系统的影响较小，而多个环节同时发生故障的概率相对较小，因此能提高供电可靠性。但是，个别环节发生故障，如果不及时消除，就有可能扩大，波及相邻的系统，严重情况下会导致大面积停电。因此，互联电力系统要形成合理的网架结构，提高电力系统自动化水平，以保证电力系统互联高可靠性的实现。

⑤ 提高电能质量。电力系统负荷波动会引起频率变化。由于电力系统容量增大，供电范围扩大，总的负荷波动比各地区的负荷波动之和要小，因此，引起系统频率的变化也相对要小。同样，冲击负荷引起的频率变化也要小。

⑥ 提高运行经济性。各个电力系统的供电成本不相同，在资源丰富地区建设发电厂，

其发电成本较低。实现互联电力系统的经济调度，可获得补充的经济效益。

电力系统互联，由于联系增强也带来了新问题。如故障会波及相邻系统，如果处理不当，严重情况下会导致大面积停电；系统短路容量可能增加，导致要增加断路器等设备容量；需要进行联络线功率控制等。这些都要求研究和采取相应技术措施，提高自动化水平，才能充分发挥互联电力系统的作用和优越性。

由于发展电力系统互联能带来显著的效益，相邻地区甚至相邻国家电力系统互联是电力工业发展的一个趋势。如日本 9 个电力系统形成了互联电力系统。美国形成了全国互联电力系统，并且与加拿大电网连接。西欧各国除各自形成全国电力系统外，互联形成了西欧的国际互联电力系统，并正在通过直流背靠背与东欧国家电力系统相连。

思　考　题

1. 未来我国发电厂的发展趋势是怎样的？
2. 结合目前我国的能源分布，叙述采用哪种方式能避免能源在传输过程中的损失？

任务二　工矿企业供电系统

第一部分　教学要求

● 教学目标

知识目标：
① 了解供电的基本要求；
② 熟悉电源和供电的电压等级；
③ 了解电网中性点运行方式；
④ 了解矿山供电系统。

第二部分　教学内容

知识链接　工矿企业供电系统

一、供电的意义和基本要求

1. 意义
① 电力是现代化工矿企业生产的主要能源，工矿企业的电气化为生产过程的机械化和自动化创造了有利条件，现代化的煤矿生产机械无不以电能作为直接（用电动机拖动）或间接（用压气驱动）的动力，工矿企业的照明、通信、信号等场合也都离不开电能。
② 工矿企业中断供电可能造成人员伤亡、设备损坏。
2. 要求：可靠、安全、优质、经济
（1）供电可靠
① 要求供电不间断；
② 采用双电源线路供电。

（2）供电安全

供电安全包括人身和设备安全。

（3）供电质量

要求两个主要指标：频率和电压。频率50Hz，偏差小于±0.5Hz，主要由发电厂决定。通常允许电压偏差±5%，由供电部门和用电单位决定。

（4）供电经济

① 尽量降低基本建设投资；

② 尽可能降低设备、材料、有色金属的消耗；

③ 尽量降低电能消耗和维修费用；

④ 供电工作人员"节能"意识的养成。

二、电力负荷的分类

1. 一类负荷

① 定义：凡因突然中断供电可能造成人身伤亡或重大设备损坏、造成重大经济损失或在政治上产生不良影响的负荷。例：矿井主通风机、主排水泵等。

② 要求：两个独立电源供电。

2. 二类负荷

① 定义：凡突然停电造成大量减产或大量废品的负荷。例：煤矿主井提升机、压风机。

② 要求：两个独立电源供电。

3. 三类负荷

① 定义：指除一、二类负荷以外的其他负荷。例：办公楼、仓库、地面附属车间及矿井机修厂等。

② 要求：单回路供电或多负荷共用一条输电线路。

三、电力系统中性点的运行方式

电力系统的中性点：指三相绕组作星形连接的发电机或变压器的中性点。

电力系统中性点的运行方式决定了单相接地后的运行情况，供电可靠性、保护方式的设定等问题。

中性点运行按以下方式进行分类。

中性点不接地系统：

① 单相接地时，线电压仍对称，不影响供电，提高了供电的可靠性，接地电流小。

② 单相接地时，非接地相对地电压升高倍，易击穿绝缘薄弱处，造成两相接地短路。

中性点消弧线圈接地系统：

① 单相接地时线电压仍对称，不影响供电，提高了供电的可靠性。

② 单相接地时非接地相对地电压升高，易击穿绝缘薄弱处，造成两相接地短路。

中性点直接接地系统：

① 单相接地时，其他两相对地电压不会升高。接地电流大，提高了保护装置的可靠性。

② 单相接地时，构成短路，短路电流大。

（1）中性点不接地系统（见图1-10）

中性点不接地方式即电力系统的中性点不与大地相接。电力系统中的三相导线之间和各相导线对地之间都存在着分布电容。设三相系统是对称的，则各相对地均匀分布的电容可用集中电容 C 表示，线间电容电流数值较小，可不考虑，如图 1-10（a）所示。

系统正常运行时，三个相电压 $\dot{U}_1$、$\dot{U}_2$、$\dot{U}_3$ 是对称的，三相对地电容电流 $\dot{I}_{C1}$、$\dot{I}_{C2}$、$\dot{I}_{C3}$ 也是对称的，其相量和为零，所以中性点没有电流流过。各相对地电压就是其相电压，如图 1-10（b）所示。

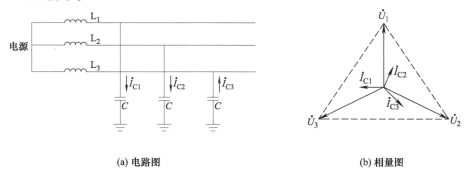

图 1-10　正常运行时中性点不接地的电力系统

（2）中性点经消弧线圈接地系统

系统正常运行时，由于三相电压、电流对称，中性点对地电位为 0，消弧线圈上电压为 0，消弧线圈中没有电流流过。当系统发生单相接地时，消弧线圈处在相电压之下，通过接地处的电流是接地电容电流 I_C 和线圈电感电流 I_L 的相量和，如图 1-11 所示。由于 I_C 超前 $U_C 90°$，而 I_L 滞后 $U_C 90°$，I_C 与 I_L 相位相反，在接地点相互补偿。只要消弧线圈电感量选取合适，就会使接地电流减小到小于发生电弧的最小生弧电流，电弧就不会产生，也就不会产生间歇过电压。

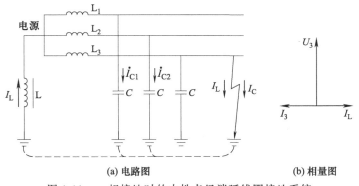

图 1-11　一相接地时的中性点经消弧线圈接地系统

（3）中性点直接接地系统

中性点直接接地系统中性点的电位在电网的任何工作状态下均保持为零。在这种系统中，当发生一相接地时，这一相直接经过接地点和接地的中性点短路，一相接地短路电流的数值很大，因而立即使继电保护动作，将故障部分切除，如图 1-12 所示。

（4）电力系统中性点运行方式的适用场合

中性点不接地系统：

① 35kV 及以下高压电网。

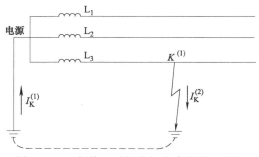

图 1-12　一相接地时的中性点直接接地系统

② 减少因单相接地故障造成的停电次数。

中性点经消弧线圈接地系统：

① 35kV 及以下高压电网接地电容电流超过一定值，应采用中性点经消弧线圈接地系统。

② 消弧线圈是一个有铁芯的可调电感线圈。

③ 若消弧线圈的感抗调节合适，将使接地电流降到很小，达到不起弧的程度。

中性点直接接地系统：

① 110kV 及以上电压等级的电网采用（绝缘只按相电压考虑）。

② 在高压电网中，为提高系统的可靠性，广泛采用自动重合闸装置。一次重合成功率 60%～90% 左右，二次成功率 15% 左右，三次成功率 3% 左右。

③ 地 380V/220V 三相四线制供电系统，给对称三相负载和非对称负载提供电源。

四、低压配电系统的接地方式

1. TN 系统

TN 系统如图 1-13 所示。

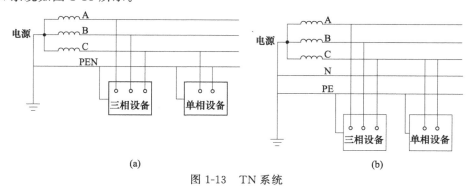

(a)　　　　　　　　　　　　　(b)

图 1-13　TN 系统

（1）中性线作用

① 用来接单相用电设备。

② 用来传导三相系统中的不平衡电流和单相电流。

③ 用来减小中性点的电压偏移。

（2）保护线作用：为了保障人身安全、防止触电事故的发生。

TN 系统又分 TN—C 系统、TN—S 系统、TN—C—S 系统。

注意：①电源必须可靠接地，其接地电阻一般不大于 4Ω；

② 为提高保护接零系统的安全性，还可进行重复接地；

③ 零线不允许接开关或熔断器。

2. TT 系统

TT 系统如图 1-14 所示，适用于对抗电磁干扰要求较高的场所。

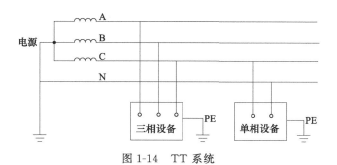

图 1-14　TT 系统

3. IT 系统

IT 系统如图 1-15 所示，电源中性点经大电阻接地；

适应于矿山井下，易燃易爆场所；

需装设单相接地保护或绝缘监视装置，在发生一相接地故障时发出报警信号。

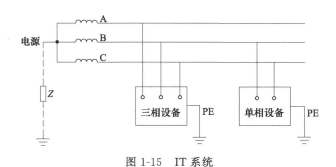

图 1-15　IT 系统

五、地面电力网的结线

电力网定义：由变电所及各种不同电压等级的输电、配电线路组成。

电力网的作用：输电配电。

电力网的分类：以电压高低、负荷性质、线路结构和中性点运行方式进行分类。

电力网各种结线方式分类。

（1）放射式电网。

放射式电网如图 1-16 所示，适用：负荷容量大或孤立的重要用户。

（2）干线式电网

干线式电网如图 1-17 所示，适用：单回路干线式一般使用三类负荷供电，双回路干线式一般使用二、三类负荷供电。

（3）环式电网

环式电网如图 1-18 所示，适用：负荷容量相差不太大，彼此之间相距较近，而离电源都较近，且对供电可靠性要求较高的重要用户。

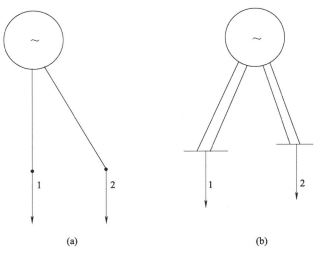

图 1-16 放射式电网

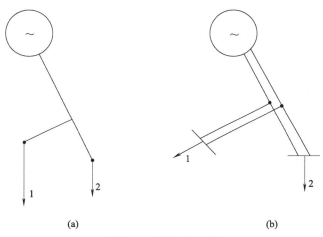

图 1-17 干线式电网

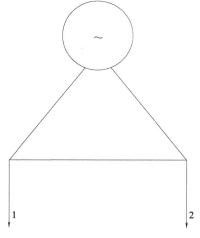

图 1-18 环式电网

小 结

1. 工矿企业对供电的基本要求：可靠、安全、优质、经济。

2. 电力负荷的分类：

一类负荷：大多为保安负荷。要求有两个独立电源供电。

二类负荷：主要为生产负荷。要求有两个电源供电。

三类负荷：多为辅助性负荷和生活负荷。不考虑备用电源。

3. 电力系统中性点的运行方式：中性点不接地、中性点经消弧线圈接地、中性点直接接地。

4. 矿井变电所的结线有：线路变压器组结线、单母线结线、单断路器双母线结线、单母线分段结线、桥式结线、变电所配出线结线等六种。正确的选择变电所的主结线对变电所的电气设备的选择、配电装置的布置及运行的经济性和可靠性都具有十分重要的意义，是变电所设计的重要任务之一。

5. 矿井供电方式：高压供电系统由地面变电所—井下中央变电所—采区变电所构成三级高压供电系统。低压电气设备供电分别由井下中央变电所、采区变电所及移动变电站降压供给。

6. 矿井井下变电所结线方式：

中央变电所：进线电缆至少两条。单母线分段结线，分段数与进线电缆数相适应。各负荷配出线均匀分布在各段母线上。各分段母线分列运行。

采区变电所：有综采时一般由两回线路供电，采用单母线结线或单母线分段结线。变压器通常采用分列运行方式。

移动变电站：采用一回高压电源线路供电，各移动变电站分列运行。

思 考 题

1. 工矿企业对供电有哪些要求？

2. 电力负荷分为哪几类？对供电电源有什么要求？

3. 电力系统中性点的运行方式有哪几种？各适用于什么场合？

4. 电力系统额定电压等级有哪些？

5. 电力网和变电所结线方式有哪些？

任务三 人体触电及触电急救

第一部分 教学要求

● 教学目标

知识目标：

① 了解人体触电的类型和危害，掌握电工基本安全知识。

② 了解触电急救知识及掌握各种急救方法。

技能目标：

① 在某场所发现人身、设备违规现象和用电隐患，指出并纠正其错误。

② 发现人身触电事故时，根据触电者具体情况，采取相应的急救方法进行抢救。

重点：了解人体触电的类型和危害。

难点：发现人身、设备违规现象和用电隐患，采取相应的急救方法。

第二部分　教学内容

知识链接 1　触电方式及防护

1. 人身触电事故

当电流流过人体时对人体内部造成的生理机能的伤害，称之为人身触电事故。电流对人体伤害的严重程度一般与通过人体电流的大小、时间、部位、频率和触电者的身体状况有关。流过人体的电流越大，危险越大；电流通过人体脑部和心脏时最为危险；工频电流危害要大于直流电流。

触电可分为电击和电伤。电击指电流对人的心脏、呼吸系统及神经系统造成的伤害，是最危险的触电事故，触电死亡多数系电击所致。电伤是指人体外部受伤，如电烧伤、金属溅伤、电烙印等。

当流过成年人体的电流为 0.7～1mA 时，便能够被感觉到，称之为感知电流。触电后能自行摆脱的最大电流称为摆脱电流。对于成年人而言，摆脱电流约在 15mA 以下，摆脱电流被认为是人体只在较短时间内可以忍受而一般不会造成危险的电流。在较短时间内会危及生命的最小电流称之为致命电流。当通过人体的电流达到 50mA 以上时则有生命危险。而一般情况下，30mA 以下的电流通常在短时间内不会造成生命危险，将其称为安全电流。

2. 人体触电的类型

（1）单相触电

由于电线绝缘破损、导线金属部分外露、导线或电气设备受潮等原因使其绝缘部分的能力降低，导致站在地上的人体直接或间接地与火线接触，人体承受的是 220V 的电压，这时电流就通过人体流入大地而造成单相触电事故，如图 1-19 所示。

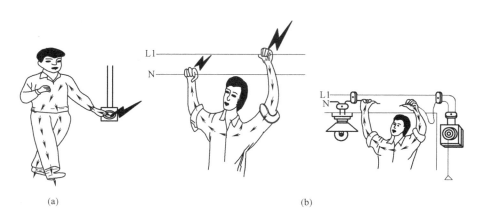

(a)　　　　　　　　　　　　　　(b)

图 1-19　单相触电

（2）两相触电

人体的两处同时触及两相带电体的触电事故，这时人体承受的是380V的线电压，其危险性一般比单相触电大。人体一旦接触两相带电体时电流比较大，轻微的会引起触电烧伤或导致残疾，严重的可以导致触电死亡事故，而且两相触电使人触电身亡的时间只有1～2s之间。人体的触电方式中，以两相触电最为危险，两相触电如图1-20所示。

图1-20　两相触电

（3）跨步电压触电

对于外壳接地的电气设备，当绝缘损坏而使外壳带电，或导线断落发生单相接地故障时，电流由设备外壳经接地线、接地体（或由断落导线经接地点）流入大地，向四周扩散。如果此时人站立在设备附近地面上，两脚之间也会承受一定的电压，称为跨步电压。跨步电压的大小与接地电流、土壤电阻率、设备接地电阻及人体位置有关。当接地电流较大时，跨步电压会超过允许值，发生人身触电事故。特别是在发生高压接地故障或雷击时，会产生很高的跨步电压，如图1-21所示。跨步电压触电也是危险性较大的一种触电方式。

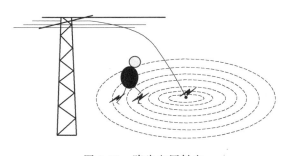

图1-21　跨步电压触电

此外，除以上三种触电形式外，还有感应电压触电、剩余电荷触电等。

3. 常见触电事故的原因

① 电气线路或设备安装不良、绝缘损坏、维护不利，当人体接触绝缘损坏的导线或漏电设备时，发生触电。

② 非电气人员缺乏电气常识而进行电气作业，乱拉乱接，错误接线，造成触电。

③ 用电人员或电气工作人员违反操作规程，缺乏安全意识，思想麻痹，导致触电。

④ 电器产品质量低劣导致触电事故发生。

⑤ 偶然因素如大风刮断电线而落在人身上，误入有跨步电压的区域等。

4. 人身安全知识

① 在维修或安装电气设备、电路时，必须严格遵守各项安全操作规程和规定。

② 在操作前应对所用工具的绝缘手柄、绝缘手套和绝缘靴等安全用具的绝缘性能进行测试，有问题的不可使用，应马上调换。

③ 进行停电操作时，应严格遵守相关规定，切实做好防止突然送电的各项安全措施，如锁上刀开关，并悬挂"有人工作，不许合闸"的警告牌等，绝不允许约定时间送电。

④ 操作时，如果邻近带电器件，应保证有可靠的安全距离。

⑤ 操作人员在进行登高作业前，必须仔细检查登高工具（例如：安全带、脚扣、梯子）是否牢固可靠。未经登高训练的人员，不允许进行登高作业，登高作业时应使用安全带。

⑥ 当发现有人触电时，应立即采取正确的抢救措施。

5. 设备运行安全知识

① 对于出现异常现象（例如：过热、冒烟、异味、异声等）的电气设备、装置和电路，

应立即切断其电源，及时进行检修，只有在故障排除后，才可继续运行。

②　对于开关设备的操作，必须严格遵照操作规程进行，合上电源时，应先合隔离开关（一般不具有灭弧装置），再合负荷开关（具有灭弧装置）；分断电源时，应先断开负荷开关，再断开隔离开关。

③　在需要切断故障区域电源时，要尽量缩小停电范围。有分路开关的，应尽量切断故障区域的分路开关，避免越级切断电源。

④　应避免电气设备受潮，设备放置位置应有防止雨、雪和水侵袭的措施。电气设备在运行时往往会发热，所以要有良好的通风条件，有的还要有防火措施。

⑤　有裸露带电体的设备，特别是高压设备，要有防止小动物窜入造成短路事故的措施。

⑥　所有电气设备的金属外壳，都必须有可靠的保护接地或接零。

⑦　对于有可能被雷击的电气设备，要安装防雷装置。

6. 安全用电常识

①　认识了解电源总开关，学会在紧急情况下关断总电源。

②　不用手或导电物（如铁丝、钉子、别针等金属制品）去接触、探试电源插座内部。

③　不用湿手触摸电器，不用湿布擦拭电器。

④　电器使用完毕后应拔掉电源插头；插拔电源插头时不要用力拉拽电线，以防止电线的绝缘层受损造成触电；电线的绝缘皮剥落，要及时更换新线或者用绝缘胶布包好。

⑤　要避免在潮湿的环境（如浴室）下使用电器，更不能使电器淋湿、受潮，这样不仅会损坏电器，还会发生触电危险。

⑥　电器长期搁置不用，容易受潮、受腐蚀而损坏，重新使用前需要认真检查。

⑦　入户电源线避免过负荷使用，破旧老化的电源线应及时更换，以免发生意外。

⑧　入户电源总保险与分户保险应配置合理，使之能起到对家用电器的保护作用。

⑨　接临时电源要用合格的电源线、电源插头、插座要安全可靠。损坏的不能使用。

⑩　房间装修，隐藏在墙内的电源线要放在专用阻燃护套内，电源线的截面应满足负荷要求。

⑪　家庭用电应装设带有过电压保护的调试合格的漏电保护器，以保证使用家用电器时的人身安全。

⑫　家用电器在使用时，应有良好的外壳接地，室内要设有公用地线。

⑬　家用电热设备、暖气设备一定要远离煤气罐、煤气管道，发现煤气漏气时先开窗通风，千万不能拉合电源，并及时请专业人员修理。

⑭　使用电熨斗、电烙铁等电热器件。必须远离易燃物品，用完后应切断电源，拔下插销以防意外。

⑮　在潮湿环境中使用可移动电器，必须采用额定电压为 36V 的低压电器，若采用额定电压为 220V 的电器，其电源必须采用隔离变压器；在金属容器如锅炉、管道内使用移动电器一定要用额定电压为 12V 的低压电器，并要加接临时开关，还要有专人在容器外监护；低压移动电器应装特殊型号的插头，以防插入电压较高的插座上。

⑯　雷雨时，不要接触或走近高电压电杆、铁塔和避雷针的接地导线的周围，不要站在高大的树木下，以防雷电入地时发生跨步电压触电；雷雨天禁止在室外变电所或室内的架空引入线上进行作业。

⑰　切勿走近断落在地面上的高压电线，万一高压电线断落在身边或已进入跨步电压区

域时，要立即用单脚或双脚并拢跳到 10m 以外的地方。为了防止跨步电压触电，千万不可奔跑。

知识链接 2　触电急救

1. 触电急救常识

触电急救应分秒必争，一经明确心跳、呼吸停止的，立即就地迅速用心肺复苏法进行抢救，并坚持不断地进行，同时及早与医疗急救中心（医疗部门）联系，争取医务人员接替救治。在医务人员未接替救治前，不应放弃现场抢救，更不能只根据没有呼吸或脉搏的表现，擅自判定伤员死亡，放弃抢救。只有医生有权做出伤员死亡的诊断。与医务人员接替时，应提醒医务人员在触电者转移到医院的过程中不得间断抢救。

2. 迅速脱离电源

① 触电急救，首先要使触电者迅速脱离电源，越快越好。因为电流作用的时间越长，伤害越重。

② 脱离电源，就是要把触电者接触的那一部分带电设备的所有断路器（开关）、隔离开关（刀闸）或其他断路设备断开；或设法将触电者与带电设备脱离开。在脱离电源过程中，救护人员也要注意保护自身的安全。

③ 低压触电可采用下列方法使触电者脱离电源。

• 如果触电地点附近有电源开关或电源插座，可立即拉开开关或拔出插头，断开电源。

• 如果触电地点附近没有电源开关或电源插座（头），可用有绝缘柄的电工钳或有干燥木柄的斧头切断电线，断开电源。

• 当电线搭落在触电者身上或压在身下时，可用干燥的衣服、手套、绳索、皮带、木板、木棒等绝缘物作为工具，拉开触电者或挑开电线，使触电者脱离电源。

• 如果触电者的衣服是干燥的，又没有紧缠在身上，可以用一只手抓住他的衣服，拉离电源。

• 若触电发生在低压带电的架空线路上或配电台架、进户线上，对可立即切断电源的，则应迅速断开电源，救护者迅速登杆或登至可靠地方，并做好自身防触电、防坠落安全措施，用带有绝缘胶柄的钢丝钳、绝缘物体或干燥不导电物体等工具将触电者脱离电源。

④ 高压触电可采用下列方法之一使触电者脱离电源。

• 立即通知有关供电单位或用户停电。

• 戴上绝缘手套，穿上绝缘靴，用相应电压等级的绝缘工具按顺序拉开电源开关或熔断器。

• 抛掷裸金属线使线路短路接地，迫使保护装置动作，断开电源。

⑤ 脱离电源后救护者应注意的事项。

• 救护人不可直接用手、其他金属及潮湿的物体作为救护工具，而应使用适当的绝缘工具。救护人最好用一只手操作，以防自己触电。

• 防止触电者脱离电源后可能的摔伤，特别是当触电者在高处的情况下，应考虑防止坠落的措施。

• 救护者在救护过程中特别是在杆上或高处抢救伤者时，要注意自身和被救者与附近带电体之间的安全距离，防止再次触及带电设备。

• 如事故发生在夜间，应设置临时照明灯，以便于抢救，避免意外事故，但不能因此延误切除电源和进行急救的时间。

⑥ 现场就地急救：触电者脱离电源以后，现场救护人员应迅速对触电者的伤情进行判断，对症抢救。

3. 伤员脱离电源后的处理

① 判断意识和通畅呼吸道。

② 通畅气道：当发现触电者呼吸微弱或停止时，应立即通畅触电者的气道以促进触电者呼吸或便于抢救。

③ 判断呼吸：在通畅呼吸道之后，由于气道通畅可以明确判断呼吸是否存在。

④ 判断伤员有无脉搏：在检查伤员的意识、呼吸、气道之后，应对伤员的脉搏进行检查，以判断伤员的心脏跳动情况。

4. 急救方法

① 对失去知觉的触电者，若呼吸不齐、微弱或呼吸停止而有心跳的，应采用口对口人工呼吸法进行抢救。

具体方法是：先使触电者头偏向一侧，清除口中的血块、痰液或口沫，取出口中义齿等杂物，使其呼吸道畅通；急救者深深吸气，捏紧触电者的鼻子，大口地向触电者口中吹气，然后放松鼻子，使之自身呼气，每5s一次，重复进行，在触电者苏醒之前，不可间断。操作方法如图1-22所示。

(a) 使触电者平躺并头后仰,清除口中异物　　(b) 捏紧触电者鼻子,贴嘴吹气　　(c) 放松鼻子,使之自身呼气

图 1-22　口对口人工呼吸法

② 对有呼吸而心脏跳动微弱、不规则或心跳已停的触电者，应采用胸外心脏按压法进行抢救。

先使触电者头部后仰，急救者跪跨在触电者臀部位置，右手掌置放在触电者的胸上，左手掌压在右手掌上，向下挤压3～4cm后，突然放松。挤压和放松动作要有节奏，每秒钟1次（儿童2秒钟3次），按压时应位置准确，用力适当，用力过猛会造成触电者内伤，用力过小则无效，对儿童进行抢救时，应适当减小按压力度，在触电者苏醒之前不可中断。操作方法如图1-23所示。

(a) 急救者跪跨在触电者臀部　　(b) 手掌挤压部位　　(c) 向下挤压　　(d) 突然放松

图 1-23　胸外心脏按压法

③ 对于呼吸与心跳都停止的触电者的急救，应该同时采用"口对口人工呼吸法"和"胸外心脏按压法"。如急救者只有一人，应先对触电者按压 15 次后吹气 2 次（15：2），如此交替重复进行至触电者苏醒为止。如果是两人合作抢救，则每按压 5 次，由另一人吹气 1 次（5：1），反复进行。吹气时应使触电者胸部放松，只可在换气时进行按压。

第三部分　操作技能

技能训练　触电事故及触电急救训练

1. 任务描述
① 通过利用人体模型模拟触电事故，得出正确的应对方式。
② 对设备违规现象及用电隐患提出整改方法。
③ 掌握在发现有人触电时，进行抢救的方法。

2. 实训内容
实训任务单见表 1-1。

表 1-1　实训任务单

项目名称	子项目	内容要求	备注
触电事故及触电急救训练	基本安全知识	学员按照人数分组训练：电工基本安全知识	
	触电急救训练	学员按照人数分组训练：三种触电方法急救	
目标要求	熟练掌握电工基本安全知识；掌握三种触电方法急救		
实训器材	钢丝钳、绝缘手套、绝缘靴、安全带、脚扣、梯子、电话机、万用表、绝缘电阻表、人体模型、电气柜、电动机、开关、插座、灯座、导线		
其他			
项目组别	负责人	组员	

3. 操作步骤
① 利用人体模型模拟触电事故或模拟各种人身、设备违规现象及用电隐患。
② 正确判断触电类型或指出违规现象并加以纠正。
③ 利用人体模型，模拟人体触电事故。
④ 模拟拨打 120 急救电话。
⑤ 迅速切断触电事故现场电源，或用木棒从触电者身上挑开电线，使触电者迅速脱离触电状态。
⑥ 将触电者移至通风干燥处，身体平躺，使其躯体及衣物均处于放松状态。
⑦ 仔细观察触电者的生理特征，根据其具体情况，采取相应的急救方法实施抢救。例如，运用口对口人工呼吸法进行抢救时，首先应去除触电者口中的杂物；接着，急救者左手捏紧触电者鼻子，右手挤压其面颊两侧，使其嘴张开；然后急救者深吸空气，并大口吹入触电者口中；接下来，放松触电者鼻子，使其自己将肺中气体排出。操作频率为每 5 秒钟一次，直至触电者苏醒，或救护车到来。

4. 成绩评分标准（表1-2）

表1-2　成绩评分标准

序号	主要内容	考核要求	评分标准	配分	扣分	得分
1	基本安全知识	熟练掌握电工基本安全知识	①不能正确指出不安全现象扣10~20分	20		
			②不能正确采取安全措施扣5~15分	15		
			③操作不正确扣5~15分	15		
2	触电急救训练	掌握三种触电方法急救	④采取方法错误扣10~20分	20		
			⑤挤压力度、操作频率不合适扣5~15分	15		
			⑥操作步骤错误扣5~15分	15		
3	安全文明生产		违反安全文明操作规程扣5~20分			
			合计	100		
备注			教师签字			年　月　日

任务四　电气火灾消防基本操作

第一部分　教学要求

● 教学目标

知识目标：
掌握电气火灾基础知识及消防器材的使用方法。
技能目标：
采取正确的方法对发生火灾的电气柜实施灭火。
重点：消防器材的使用。
难点：采用正确的方法对发生火灾的电气柜实施灭火。

第二部分　教学内容

知识链接　电气火灾及消防灭火

1. 发生电气火灾的原因

电气火灾和爆炸在火灾、爆炸事故中占有很大的比例，如线路、电动机、开关等电气设备都可能引起火灾。变压器等带油电气设备除了可能发生火灾，还有爆炸的危险。造成电气火灾与爆炸的原因很多。除设备缺陷、安装不当等设计和施工方面的原因外，电流产生的热量和火花或电弧是引发火灾和爆炸事故的直接原因。

（1）过热

电气设备过热主要是由电流产生的热量造成的。

导体的电阻虽然很小，但其电阻总是客观存在的。因此，电流通过导体时要消耗一定的电能，这部分电能转化为热能，使导体温度升高，并使其周围的其他材料受热。对于电动机和变压器等带有铁磁材料的电气设备，除电流通过导体产生的热量外，还有在铁磁材料中产生的热量。因此，这类电气设备的铁芯也是一个热源。当电气设备的绝缘性能降低时，通过绝缘材料的泄漏电流增加，可能导致绝缘材料温度升高。

由上面的分析可知，电气设备运行时总是要发热的，但是，设计、施工正确及运行正常的电气设备，其最高温度和其与周围环境温差（即最高温升）都不会超过某一允许范围。例如：裸导线和塑料绝缘线的最高温度一般不超过 70℃。也就是说，电气设备正常的发热是允许的。但当电气设备的正常运行遭到破坏时，发热量要增加，温度升高，达到一定条件，可能引起火灾。

引起电气设备过热的不正常运行大体包括以下几种情况。

① 短路。发生短路时，线路中的电流增加为正常时的几倍甚至几十倍，使设备温度急剧上升，大大超过允许范围。如果温度达到可燃物的自燃点，即引起燃烧，从而导致火灾。

下面是引起短路的几种常见情况：电气设备的绝缘老化变质，或受到高温、潮湿或腐蚀的作用失去绝缘能力；绝缘导线直接缠绕、勾挂在铁钉或铁丝上时，由于磨损和铁锈蚀，使绝缘破坏；设备安装不当或工作疏忽，使电气设备的绝缘受到机械损伤；雷击等过电压的作用，电气设备的绝缘可能遭到击穿；在安装和检修工作中，由于接线和操作的错误等。

② 过载。过载会引起电气设备发热，造成过载的原因大体上有以下两种情况：一是设计时选用线路或设备不合理，以至在额定负载下产生过热；二是使用不合理，即线路或设备的负载超过额定值，或连续使用时间过长，超过线路或设备的设计能力，由此造成过热。

③ 接触不良。接触部分是发生过热的一个重点部位，易造成局部发热、烧毁。有下列几种情况易引起接触不良：不可拆卸的接头连接不牢、焊接不良或接头处混有杂质，都会增加接触电阻而导致接头过热；可拆卸的接头连接不紧密或由于震动变松，也会导致接头发热；活动触头，如闸刀开关的触头、插头的触头、灯泡与灯座的接触处等活动触头，如果没有足够的接触压力或接触表面粗糙不平，会导致触头过热；对于铜铝接头，由于铜和铝电性不同，接头处易因电解作用而腐蚀，从而导致接头过热。

④ 铁芯发热。变压器、电动机等设备的铁芯，如果铁芯绝缘损坏或承受长时间过电压，涡流损耗和磁滞损耗将增加，使设备过热。

⑤ 散热不良。各种电气设备在设计和安装时都要考虑有一定的散热或通风措施，如果这些部分受到破坏，就会造成设备过热。

此外，电炉等直接利用电流的热量进行工作的电气设备，工作温度都比较高，如安置或使用不当，均可能引起火灾。

（2）电火花和电弧

一般电火花的温度都很高，特别是电弧，温度可高达 3000～6000℃，因此，电火花和电弧不仅能引起可燃物燃烧，还能使金属熔化、飞溅，构成危险的火源。在有爆炸危险的场所，电火花和电弧更是引起火灾和爆炸的一个十分危险的因素。

电火花大体包括工作火花和事故火花两类。

工作火花是指电气设备正常工作时或正常操作过程中产生的。如开关或接触器开合时产生的火花、插销拔出或插入时的火花等。

事故火花是线路或设备发生故障时出现的。如发生短路或接地时出现的火花、绝缘损坏时出现的闪光、导线连接松脱时的火花、保险丝熔断时的火花、过电压放电火花、静电火花以及修理工作中错误操作引起的火花等。

此外，还有因碰撞引起的机械性质的火花；灯泡破碎时，炽热的灯丝有类似火花的危险作用。

2. 如何预防电气火灾的发生

（1）防止短路的措施

① 按照环境特点安装导线，应考虑潮湿、化学腐蚀、高温场所和额定电压的要求。

② 导线与导线、墙壁、顶棚、金属构件之间，以及固定导线的绝缘子、瓷瓶之间，应有一定的距离。

③ 距地面 2m 以及穿过楼板和墙壁的导线，均应有保护绝缘的措施，以防损伤。

④ 绝缘导线切忌用铁丝捆扎和铁钉搭挂。

⑤ 定期对绝缘电阻进行测定。

⑥ 安装线路应为持证电工安装。

⑦ 安装相应的保险器或自动开关。

（2）防止过载的措施

① 合理选用导线截面。

② 切忌乱拉电线和过多的接入负载。

③ 定期检查线路负载与设备增减情况。

④ 建议应首先选用具有短路和过载保护的自动空气开关、加装自保式全自动电压保护器以杜绝过载和过电压引起的火灾。

（3）防止接触电阻过大的措施

① 应尽量减少不必要的接头，对于必不可少的接头，必须紧密结合，牢固可靠。

② 铜芯导线采用铰接时，应尽量再进行锡焊处理，一般应采用焊接和压接。

③ 铜铝相接应采用铜铝接头，并用压接法连接。

④ 经常进行检查测试，发现问题，及时处理。

⑤ 为了防止或减少配电线路事故的发生，必须按照电气安全技术规程进行设计，安装使用时要严格遵守岗位责任制和安全操作规程，加强维护管理，及时消除隐患，保障用电安全。

（4）防止漏电的措施

① 要正确选择漏电保护器和安置熔断器，当电路发生故障或异常时，电流不断升高，并且升高的电流有可能损坏电路中的某些重要器件或贵重器件，熔断器在电流异常升高到一定的高度的时候，能自身熔断切断电流，从而起到保护电路安全运行的作用。反之，可能烧毁电路甚至造成火灾。在火灾现场勘查中往往碰到用户为了节约经济成本，安装仅带有漏电功能保护的漏电保护器（漏电保护开关），而起不到短路或过载时切断电流的功能。

② 要具有相应资质的专业人员对电气线路的配线和电气设备的安装。

3. 电气消防常识

当发生电气设备火警时，或邻近电气设备附近发生火灾时，应立即拨打 119 火警电话报警。扑救电气火灾时应注意触电危险，首先应立即切断电源，通知电力部门派人到现场指导扑救工作。灭火时，应注意运用正确的灭火知识，采取正确的方法灭火。

4. 灭火器的使用

（1）干粉灭火器

干粉灭火器有手提式、贮压式。其性能有普通（BC）和通用（ABC）干粉之分。干粉灭火器筒体内装的干粉，使用时在压力的驱动下从喷嘴内向外喷出。

干粉灭火器适用扑救液体火灾、带电设备火灾，特别适用于扑救气体火灾。这是其他灭火器所难比拟的。它也能扑救仪器火灾，但扑救后要留下粉末，对精密仪器火灾是不适宜的。

使用方法及注意事项：

① 手提式干粉灭火器使用时，一种是将拉环拉起，一种是压下压把，这时便有干粉喷出。但应注意，必须首先拔掉保险销，否则不会有干粉喷出。

② 手提式干粉灭火器喷射时间很短，所以使用前要把喷粉胶管对准火焰后，才可打开阀门。手提式干粉灭火器喷射距离也很短，所以使用时，操作人员应尽量接近火源。并要根据燃烧范围选择合适规格的灭火器，如果燃烧范围大，灭火器规格小，就会前功尽弃。

③ 手提式干粉灭火器不需要颠倒过来使用，但如在使用前将筒体上下颠动几次，使干粉松动，喷射效果会更好。

④ 干粉喷射没有集中的射流，喷出后容易散开，所以喷射时，操作人员应站在火源的上风方向。

⑤ 干粉灭火器不能从上面对着火焰喷射，而应对着火焰的根部平射，由近及远，向前平推，左右横扫，不让火焰窜回。

⑥ 在扑救液体火灾时，因干粉灭火器具有较大的冲击力，不可将干粉直接冲击液面，以防燃烧的液体溅出，扩大火势。

⑦ 干粉灭火器在正常情况下，有效期可达3～5年，但中间每年应检查一次。

⑧ 干粉灭火器要放在取用方便、通风、阴凉、干燥的地方，防止筒体受潮，干粉结块。干粉灭火器不可接触高温，不能放在阳光下曝晒，也不能放在温度低于－10℃以下的地方。

⑨ 干粉灭火器一经打开阀门使用，无论是否用完，都要重新充气换粉。

图1-24所示为手提式干粉灭火器。

（2）二氧化碳灭火器

二氧化碳灭火器，价格低廉，获取、制备容易，其主要依靠窒息作用和部分冷却作用灭火。二氧化碳具有较高的密度，约为空气的1.5倍。在常压下，液态的二氧化碳会立即汽化，一般1kg的液态二氧化碳可产生约$0.5m^3$的气体。因而，灭火时，二氧化碳气体可以排除空气而包围在燃烧物体的表面或分布于较密闭的空间中，降低可燃物周围或防护空间内的氧浓度，产生窒息作用而灭火。另外，二氧化碳从储存容器中喷出时，会由液体迅速汽化成气体，而从周围吸引部分热量，起到冷却的作用

图1-24　手提式干粉
灭火器

二氧化碳灭火器主要适用于扑救额定电压低于600V的电气设备、仪器仪表、档案资料、油脂及酸类物质的初起火灾，但不适用于扑灭金属钾、钠、镁、铝的燃烧。

二氧化碳灭火器使用时，一手拿喷筒，喷口对准火源，一手握紧鸭舌，气体即可喷出。二氧化碳导电性差，当着火设备电压超过600V时必须先停电后灭火；二氧化碳怕高温，存放点温度不得超过42℃。使用时不要用手摸金属导管，也不要把喷筒对着人，以防冻伤。喷射时应朝顺风方向进行。日常维护需要每月检查一次，重1/10时，应充气。发现结块应

立即更换，压力少于规定值时应及时充气，二氧化碳灭火器的结构及使用方法，如图 1-25 所示。

（3）1211 灭火器

1211 灭火器适用于扑救电气设备、仪表、电子仪器、油类、化工、化纤原料、精密机械设备及文物、图书、档案等的初起火灾。

使用时，拔掉保险销，握紧压把开关，由压杆使密封阀开启，在氮气压力作用下，灭火剂喷出，松开压把开关，喷射即停止。1211 灭火器的日常维护需要每年检查一次重量。1211 灭火器的结构及使用方法，如图 1-26 所示。

图 1-25　二氧化碳灭火器的结构及使用方法
1—启闭阀门；2—钢瓶；3—虹吸管；4—喷筒

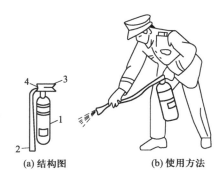

图 1-26　1211 灭火器的结构及使用方法
1—筒身；2—喷嘴；3—压把；4—安全销

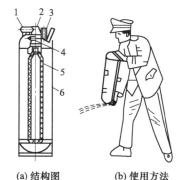

图 1-27　泡沫灭火器的结构及使用方法
1—喷嘴；2—筒盖；3—螺母；
4—瓶胆盖；5—瓶胆；6—筒身

（4）泡沫灭火器

使用泡沫灭火器灭火时，能喷射出大量二氧化碳及泡沫，它们能粘附在可燃物上，使可燃物与空气隔绝，达到灭火的目的。

泡沫灭火器适用于扑救油脂类、石油类产品及一般固体物质的初起火灾。但绝不可用于带电体的灭火。

使用时将筒身颠倒过来，使碳酸氢钠与硫酸两溶液混合并发生化学作用，产生的二氧化碳气体泡沫便由喷嘴喷出。使用时，必须注意不要将筒盖、筒底对着人体，以防意外爆炸伤人。泡沫灭火器只能立着放置。泡沫灭火器需要每年检查一次，泡沫发生倍数若低于 4 倍时，应更换药剂。泡沫灭火器的结构及使用方法，如图 1-27 所示。

第三部分　操作技能

技能训练　电气消防训练

1. 任务描述

掌握在电气柜火灾现场进行消防灭火的训练。

2. 实训内容

实训任务单见表 1-3。

表 1-3　实训任务单

项目名称	子项目	内容要求		备注
电气消防训练	基本安全知识	学员按照人数分组训练： 电工基本安全知识		
	电气消防训练	学员按照人数分组训练： 灭火器的使用		
目标要求	熟练掌握电工基本安全知识；掌握三种触电方法急救			
实训器材	钢丝钳、绝缘手套、绝缘靴、沙子、电话机、万用表、灭火器、导线、电气柜			
其他				
项目组别	负责人		组员	

3. 操作步骤

① 模拟电气柜火灾现场。

② 模拟拨打 119 火警电话报警。

③ 关断火灾现场电源或用钢丝钳切断电源导线，而且不可留下触电事故隐患。

④ 根据火灾特征，选用正确的消防器材。例如，选用二氧化碳灭火器，操作时，左手握喷筒，并使其对准火源，右手下压鸭舌，使灭火剂直接喷向火源，火苗即被迅速扑灭。

⑤ 讨论、分析火灾产生原因，排除事故隐患。

⑥ 清理现场。

4. 成绩评分标准（表 1-4）

表 1-4　成绩评分标准

序号	主要内容	考核要求	评分标准	配分	扣分	得分
1	电气消防训练	掌握电气火灾的灭火方法	①不能采取正确方法扣 5～40 分	40		
			②消防器材选用错误扣 30 分	30		
			③操作步骤错误扣 10～30 分	30		
2	安全文明生产	能够保证人身设备安全	违反安全文明操作规程扣 5～20 分			
备注			合计	100		
			教师 签字		年　月　日	

项目二

常用电工仪表的使用

▶▶▶

任务一 常用电工仪表的使用

第一部分 教学要求

● **教学目标**

知识目标：了解万用表、兆欧表及钳形电流表的测量原理。

技能目标：掌握万用表、兆欧表及钳形电流表的使用及维护方法。

重点：万用表、兆欧表及钳形电流表的使用。

难点：万用表、兆欧表及钳形电流表的测量原理。

● **任务所需设备、工具、材料**

名称	型号或规格	单位	数量
常用电工工具	验电器、一字改锥、十字改锥、剥线钳等	套	10
万用表	MF-47	块	10
钳形电流表	DT266	块	10
兆欧表	ZC25-3	块	10

第二部分 教学内容

知识链接 1 万用表的工作原理及使用方法

万用表

万用表是一种多功能、多量程的便携式电测仪表。万用表又叫多用表、三用表、复用表，它分为指针式万用表和数字万用表。一般万用表可测量直流电流、直流电压、交流电压、电阻和音频电平等，有的还可以测交流电流、电容量、电感量及半导体的一些参数（如 β）。

（一）模拟式万用表

1. 模拟式万用表的结构及其原理

模拟式万用表是一种整流式仪表，由表头（磁电式测量机构）、测量电路及转换开关三个主要部分组成，如图 2-1 所示。

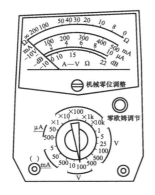

图 2-1　模拟式万用表

（1）表头

它是一只高灵敏度的磁电式直流电流表，万用表的主要性能指标基本上取决于表头的性能。表头的灵敏度是指表头指针满刻度偏转时流过表头的直流电流值，这个值越小，表头的灵敏度愈高。测电压时的内阻越大，其性能就越好。表头上有四条刻度线，它们的功能如下：第一条（从上到下）标有 R 或 Ω，指示的是电阻值，转换开关在欧姆挡时，即读此条刻度线。第二条标有 ∽ 和 VA，指示的是交、直流电压和直流电流值，当转换开关在交、直流电压或直流电流挡，量程在除交流 10V 以外的其他位置时，即读此条刻度线。第三条标有 10V，指示的是 10V 的交流电压值，当转换开关在交、直流电压挡，量程在交流 10V 时，即读此条刻度线。第四条标有 dB，指示的是音频电平。

（2）测量电路

它是用来把各种被测量转换到适合表头测量的微小直流电流的电路，它由电阻、半导体元件及电池组成。它能将各种不同的被测量（如电流、电压、电阻等）、不同的量程，经过一系列的处理（如整流、分流、分压等）统一变成一定量限的微小直流电流送入表头进行测量。

（3）转换开关

其作用是用来选择各种不同的测量线路，以满足不同种类和不同量程的测量要求。转换开关一般有两个，分别标有不同的挡位和量程。

2. 模拟式万用表使用方法

① 熟悉表盘上各符号的意义及各个旋钮和选择开关的主要作用。

② 进行机械调零。

③ 根据被测量的种类及大小，选择转换开关的挡位及量程，找出对应的刻度线。

④ 选择表笔插孔的位置。

⑤ 测量电压：测量电压（或电流）时要选择好量程，如果用小量程去测量大电压，则会有烧表的危险；如果用大量程去测量小电压，那么指针偏转太小，无法读数。量程的选择

应尽量使指针偏转到满刻度的 2/3 左右。如果事先不清楚被测电压的大小时,应先选择最高量程挡,然后逐渐减小到合适的量程。

• 交流电压的测量:将万用表的一个转换开关置于交、直流电压挡,另一个转换开关置于交流电压的合适量程上,万用表两表笔和被测电路或负载并联即可。

• 直流电压的测量:将万用表的一个转换开关置于交、直流电压挡,另一个转换开关置于直流电压的合适量程上,且"+"表笔(红表笔)接到高电位处,"—"表笔(黑表笔)接到低电位处,即让电流从"+"表笔流入,从"—"表笔流出。若表笔接反,表头指针会反方向偏转,容易撞弯指针。

⑥ 测电流:测量直流电流时,将万用表的一个转换开关置于直流电流挡,另一个转换开关置于 $50\mu A \sim 500mA$ 的合适量程上,电流的量程选择和读数方法与电压一样。测量时必须先断开电路,然后按照电流从"+"到"—"的方向,将万用表串联到被测电路中,即电流从红表笔流入,从黑表笔流出。如果误将万用表与负载并联,则因表头的内阻很小,会造成短路烧毁仪表。其读数方法如下:实际值=指示值×量程/满偏。

⑦ 测电阻:用万用表测量电阻时,应按下列方法操作:

• 机械调零。在使用之前,应该先调节指针定位螺丝使电流示数为零,避免不必要的误差。

• 选择合适的倍率挡。万用表欧姆挡的刻度线是不均匀的,所以倍率挡的选择应使指针停留在刻度线较稀的部分为宜,且指针越接近刻度尺的中间,读数越准确。一般情况下,应使指针指在刻度尺的 1/3～2/3 间。

• 欧姆调零。测量电阻之前,应将 2 个表笔短接,同时调节"欧姆(电气)调零旋钮",使指针刚好指在欧姆刻度线右边的零位。如果指针不能调到零位,说明电池电压不足或仪表内部有问题。并且每换一次倍率挡,都要再次进行欧姆调零,以保证测量准确。

• 读数:表头的读数乘以倍率,就是所测电阻的电阻值。

3. 模拟万用表的注意事项

① 万用表在使用时,必须水平放置,以免造成误差。同时,还要注意到避免外界磁场对万用表的影响;在使用万用表之前,应先进行"机械调零",即在没有被测电量时,使万用表指针指在零电压或零电流的位置上。

② 在使用万用表过程中,不能用手去接触表笔的金属部分,这样一方面可以保证测量的准确,另一方面也可以保证人身安全。

③ 选择量程时,要先选大的,后选小的,尽量使被测值接近于量程,在测量某一电量时,不能在测量的同时换挡,尤其是在测量高电压或大电流时,更应注意。否则,会使万用表毁坏。如需换挡,应先断开表笔,换挡后再去测量。

④ 测电阻时,不能带电测量。因为测量电阻时,万用表由内部电池供电,如果带电测量则相当于接入一个额外的电源,可能损坏表头。注意在欧姆表改换量程时,需要进行欧姆调零,无需机械调零。

⑤ 万用表使用完毕,应将转换开关置于交流电压的最大挡。如果长期不使用,还应将万用表内部的电池取出来,以免电池腐蚀表内其他器件。

(二)数字式万用表

1. 数字式万用表的结构及其原理

数字式万用表采用运算放大器和大规模集成电路,通过模/数转换将被测量值用数字形式显示出来。与模拟式万用表相比，数字式万用表具有灵敏度高、精确度高、显示清晰、过载能力强、便于携带、使用更简单等优点。如图 2-2 所示。

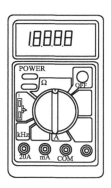

图 2-2　数字式万用表

① 电压的测量：测量电压时，数字式万用表应与被测电路相并联，仪表具有自动转换并显示极性的功能。在测量电压时，不必考虑表笔接法；测量交流电压时，应用黑表笔接触被测电压的低电位端，以消除仪表输入端对地分布的影响。

② 电流的测量：测量电流时，应把数字式万用表串联到被测电路中。当被测电流源的内阻很低时，应尽量选择较高的电流量限，以减小分流电阻上的压降，提高测量的准确度。

③ 电阻的测量：测量电阻时，特变是底电阻，被测试插头与插座之间必须接触良好，否则会引起测量误差或导致读数不稳定。

2. 使用数字式万用表时应注意的事项

① 在使用数字式万用表之前要仔细阅读使用说明书，以熟悉电源开关功能及量限转换开关、输入插孔、专用插口以及各种功能键、旋钮、附件的作用。

② 每次测量前，应再次核对一下测量项目及量限开关是否拨对位置，输入插孔（或专用插口）是否选对。

③ 刚测量时仪表会出现跳数现象，应等显示值稳定后再读数。

④ 尽管数字式万用表内部有比较完善的保护电路，但仍要尽量避免出现操作上的错误动作。

⑤ 倘若仅最高位显示数字"1"，其他位均消隐，证明仪表已发生过载，应选择更高的量限。

⑥ 禁止在测量 100V 以上电压或 0.5A 以上电流时拨动量限开关，以免产生电弧，将转换开关的触点烧坏。

⑦ 在输入插孔旁边注明危险标记的数字，代表该插孔输入电压或电流的极限值。

⑧ 测量完毕，应将量限开关拨至最高电压挡，防止下次开始测量时不慎损坏仪表。

3. 指针式万用表和数字式万用表的选用

① 指针表读取精度较差，但指针摆动的过程比较直观，其摆动速度、幅度有时也能比较客观地反映被测量的大小；数字表读数直观，但数字变化的过程看起来很杂乱，不太容易观看。

② 指针表内一般有两块电池，一块低电压的 1.5V，一块是高电压的 9V 或 15V，其黑表笔相对红表笔来说是正端。数字表则常用一块 6V 或 9V 的电池。在电阻挡，指针表的表笔输出电流相对数字表来说要大很多，用 R×1Ω 挡可以使扬声器发出响亮的"哒"声，用 R×10kΩ 挡甚至可以点亮发光二极管（LED）。

③ 在电压挡，指针表内阻相对数字表来说比较小，测量精度相对比较差。某些高电压微电流的场合甚至无法测准，因为其内阻会对被测电路造成影响。数字表电压挡的内阻很大，至少在兆欧级，对被测电路影响很小。但极高的输出阻抗使其易受感应电压的影响，在一些电磁干扰比较强的场合测出的数据可能是虚的。

总之，在相对来说大电流高电压的模拟电路测量中适用指针表，比如电视机、音响功放。在低电压小电流的数字电路测量中适用数字表，比如 BP 机、手机等。不是绝对的，可根据情况选用指针表和数字表。

（三）万用表的使用方法

① 36V 以下的电压为安全电压，在测高于 36V 直流，25V 交流电时，要检查表笔是否可靠接触，是否正确连接，是否绝缘良好等，以免电击。

② 换功能和量程时，表笔应离开测试点，测试时选择正确的功能和量程，谨防误操作。

③ 直流电压测量，先将量程开关转至相应的 DCV 量程上，然后将测试表笔跨接在被测电路上，红表笔所接的该点电压与极性显示在屏幕上。

④ 交流电压测量，先将量程开关转至相应的 ACV 量程上，然后将测试表笔跨接在被测电路上。

⑤直流电流测量，先将量程开关转至相应的 DCA 挡位上，然后将仪表串入被测电路上。

⑥ 交流电流测量，先将量程开关转至相应的 ACA 挡位上，然后将仪表串入被测电路上。

⑦ 电阻测量，将量程开关转到相应的电阻量程上，将两表笔跨接在被测电阻上。

⑧ 电容测量，将量程开关转到相应的电容量程上，将测试表笔跨接在被测电容两端进行测量，必要时注意极性。

知识链接 2　钳形电流表的工作原理及使用方法

钳形电流表是一种用于测量正在运行的电气线路的电流大小的仪表，可在不断电的情况下测量电流，分为测交流电流、直流电流两种。如图 2-3 所示。

1. 钳形电流表的结构及原理

钳形交流电流表实质上是由一只电流互感器和一只电流表所组成的，被测载流导线相当于电流互感器的一次线圈，绕在铁芯上的线圈相当于电流互感器的二次线圈，当被测载流导线卡入钳口时，二次线圈便感应出电流，使指针偏转，从而指示出电流值。

2. 钳形电流表的使用方法

① 测量前要机械调零。

图 2-3　钳形电流表

② 选择合适的量程，先选大，后选小，量程或看铭牌值估算。

③ 当使用最小量程测量，其读数还不明显时，可将被测导线绕几匝，匝数要以钳口中央的匝数为准，则读数＝指示值×量程/满偏×匝数 。

④ 测量时，应使被测导线处在钳口的中央，并使钳口闭合紧密，以减少误差。

⑤ 测量完毕，要将转换开关放在最大量程处。

3. 钳形电流表的使用注意事项

① 使用前应检查外观是否良好，绝缘有无破损，手柄是否清洁、干燥。

② 测量时应戴绝缘手套或干净的线手套，并注意保持安全间距。

③ 选择合适的量程挡位，测量过程中不得切换挡位。

④ 钳形电流表只能用来测量低压系统的电流，不可用小量程挡测量大电流，被测线路的电压不能超过钳形表所规定的使用电压。每次测量只能钳入一根导线。

⑤ 若不是特别必要，一般不测量裸导线的电流。测量完毕应将量程开关置于最大挡位，以防下次使用时，因疏忽大意而造成仪表的意外损坏。

⑥ 测量后要将调节开关放置在最大量程位置，以便下次安全使用。

知识链接3　兆欧表的工作原理及使用方法

兆欧表又称摇表，是一种专门用来测量绝缘电阻的便携式仪表，在电气安装、检修和实验中应用广泛。绝缘材料在使用过程中，由于发热、污染、受潮及老化等原因，其绝缘电阻将逐渐降低，因而可能造成漏电或短路等事故。这就要求必须定期对电机、电器和供电线路的绝缘性能进行检查，以确保设备正常运行和人身安全，如图 2-4 所示。

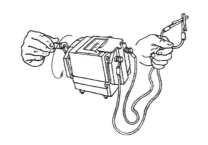

图 2-4　兆欧表及其使用方法

1. 兆欧表的选择

兆欧表的选择主要是选择其电压及测量范围。高压电气设备绝缘电阻要求高，须选用电压高的兆欧表进行测试；低压电气设备内部绝缘材料所能承受的电压不高，为保证设备安全，须选用电压低的兆欧表。

选择兆欧表测量范围的原则是不使测量范围过多地超出被测绝缘电阻的数值，以免因刻度较粗而产生较大的读数误差。

2. 兆欧表的正确使用与维护

① 测量前，要先切断被测设备或线路的电源，并将其导电部分对地进行充分放电。用兆欧表测量过的电气设备，也须进行接地放电，才可再次测量或使用，如图 2-5 所示。

② 测量前，要先检查仪表是否完好：即在兆欧表未接上被测物之前，摇动手柄使发电机达到额定转速（约 120r/min），观察指针是否指在标尺"∞"处；再将"线"（L）和"地"（E）短接，缓慢摇动手柄，观察指针是否迅速指在标尺"0"处。若指针不能指到该指的位置，表明兆欧表有故障，应检修后再使用。

③ 测量时，兆欧表应水平放置平稳。测量过程中，不可用手去触及被测物的测量部分，以防触电。

④ 对储能设备（如电容器、变压器）或储能线路（如电力电缆）在实验测量时，取得读数后，应先将接线柱 L 的连线断开，然后再将手摇柄发动机减速直至停止转动，以防止储能设备的指针打坏。

⑤ 兆欧表的引线应多股软线，两根引线切忌搅在一起，造成测量误差。

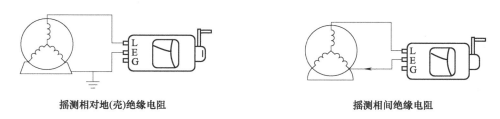

摇测相对地(壳)绝缘电阻　　　　　　摇测相间绝缘电阻

图 2-5　摇测电机绝缘的接线示意图

3. 兆欧表的使用方法

兆欧表的接线柱共有三个：一个"L"即为线端，一个"E"即为地端，再一个"G"即屏蔽端（也叫保护环），一般被测绝缘电阻都接在"L""E"端之间，但当被测绝缘体表面漏电严重时，必须将被测物的屏蔽环或不须测量的部分与"G"端相连接。这样漏电流就经由屏蔽端"G"直接流回发电机的负端形成回路，而不再流过兆欧表的测量机构（动圈）。这样就从根本上消除了表面漏电流的影响，特别应该注意的是测量电缆线芯和外表之间的绝缘电阻时，一定要接好屏蔽端钮"G"，因为当空气湿度大或电缆绝缘表面又不干净时，其表面的漏电流将很大，为防止被测物因漏电而对其内部绝缘测量所造成的影响，一般在电缆外表加一个金属屏蔽环，与兆欧表的"G"端相连。

当用兆欧表摇测电气设备的绝缘电阻时，一定要注意"L"和"E"端不能接反，正确的接法是："L"线端钮接被测设备导体，"E"地端钮接地的设备外壳，"G"屏蔽端接被测设备的绝缘部分。如果将"L"和"E"接反了，流过绝缘体内及表面的漏电流经外壳汇集到地，由地经"L"流进测量线圈，使"G"失去屏蔽作用而给测量带来很大误差。另外，因为"E"端内部引线同外壳的绝缘程度比"L"端与外壳的绝缘程度要低，当兆欧表放在地上使用时，采用正确接线方式时，"E"端对仪表外壳和外壳对地的绝缘电阻，相当于短路，不会造成误差，而当"L"与"E"接反时，"E"对地的绝缘电阻同被测绝缘电阻并联，而使测量结果偏小，给测量带来较大误差。

① 照明及动力线路对地绝缘电阻的测量。将兆欧表接线柱 E 可靠接地，接线柱 L 与被测线路连接。按顺时针方向由慢到快摆动兆欧表的发动机手柄，待兆欧表指针读数稳定后，这时兆欧表指示的数值就是被测线路的对地绝缘电阻值。

② 电动机绝缘电阻的测量。测量接线柱 E 接电动机壳上的接地螺丝或机壳上（勿接在有绝缘漆的部位），接线柱 L 接电动机绕组上，摇动兆欧表发电机手柄，读数。用兆欧表的

两个接线柱 E 和 L 分别接电动机两相绕组，摇动兆欧表发动机手柄，待指针稳定后，读数。测出的是电动机绕组相间绝缘电阻。

③ 电缆绝缘电阻的测量。将兆欧表接线柱 E 接电缆外皮，接线柱 G 接电缆线芯与外皮之间的绝缘层上，接线柱 L 接电缆线芯，摇动兆欧表发动机手柄，读数。测出的是电缆线芯与外皮之间的绝缘电阻。

第三部分　操作技能

技能训练　万用表、钳形电流表及兆欧表的使用

1. 任务描述

① 用万用表测量交、直流电压，交、直流电流；测量导体或电阻的阻值（记录被测数据）；

② 使用钳形电流表测电流（可测电机的工作电流）；

③ 用兆欧表测量并判断电机、电源线的绝缘程度。

2. 实训内容

实训任务单

项目名称	子项目	内容要求	备注
常用电工仪表的使用	万用表的使用	学员按照人数分组训练： 1. 电阻测量； 2. 电压测量； 3. 电流测量。	
	钳形电流表的使用	学员按照人数分组训练： 1. 钳形电流表的正确使用； 2. 用钳形电流表直接测量线路电流。	
	兆欧表的使用	学员按照人数分组训练： 1. 低压断路器的拆装； 2. 低压断路器的检测。	
目标要求			
实训器材	尖嘴钳、螺丝刀(一字、十字)、试电笔、万用表、钳形电流表、兆欧表、开关、电动机、交流接触器、热继电器、镊子、活络扳手等		
其他			
项目组别	负责人	组员	

3. 实训步骤

一、万用表的使用

1. 电压测量

（1）交流电压

① 将万用表拨至交流电压挡位上，根据电压大小选择量程。

② 两表笔分别触接在交流电源的两个极上。

③ 从万用表的表头显示器上读取电压数值。

（2）直流电压

① 将万用表拨至直流电压挡位上，根据电压大小选择量程。

② 两表笔分别触接在直流电源的两个极上。

③ 从万用表的表头显示器上读取电压数值。

2. 电流测量

测量电流与测量电压方法相同，不同是：测量电流是把万用表的两个表笔串联在电路中。

3. 电阻测量

① 将万用表测量挡位组合开关拨至电阻挡位上。

② 根据被测量的电阻大小选择相应的量程，即 R20Ω——200MΩ。

③ 两个表笔分别触接在被测电阻两端。

④ 从万用表的显示器上读取电阻数值。

	U/V	I/A	R/Ω
第一组			
第二组			
第三组			

二、用钳形电流表测电流

① 按电动机铭牌规定，接好接线盒内的连接片。

② 按规定接入三相交流电路，令其通电运行。

③ 用钳形电流表检测启动瞬时启动电流和转速达到额定值后的空载电流，并记录有关测量数据。

④ 导线在钳口绕两匝后，测空载电流，并记录有关测量数据。

⑤ 在电动机空载运行时，人为断开一相电源，如取下某一相熔断器，用钳形电流表检测缺相运行电流（检测时间尽量短），测量完毕立即关断电源，并记录有关测量数据。

钳形电流表型号		电动机型号	
	U	V	W
正常工作状态电流/A			
缺相运行状态电流/A			

三、用兆欧表测电阻

测量：① 照明及动力线路对地的绝缘电阻。

　　　② 电动机的绝缘电阻（各相绕组之间、各相绕组对机壳（地）之间）。

　　　③ 电缆的绝缘电阻。

4. 技能评分

常用电工仪表操作技能训练评分表

班级				姓　名	
开始时间				结束时间	
项目	配分	评　分　标　准　及　要　求			扣分
电器识别及安装	10	1. 元件布置不整齐、不匀称、不合理，每处扣 2 分 2. 元件安装不牢固、漏装螺钉，每处扣 2 分 3. 损坏元件或设备，每次扣 10 分			
用钳型表测量 电动机每相 空载电流	10	1. 带电测量未注意安全扣 5 分 2. 挡位选择错误扣 2 分 3. 带电换挡扣 5 分 4. 测量时钳型表使用不规范每一处扣 1 分 5. 测量数据错误扣 5 分			
万用表测量 电源电压	20	1. 带电测量未注意安全扣 1 分 2. 挡位选择错误扣 2 分 3. 测量错误 2 分			
测量电动机相 对地、相间绝 缘电阻	20	1. 兆欧表选择错误扣 2 分 2. 未开路或短路校验兆欧表每一处扣 1 分，不能判断兆欧表好坏扣 2 分 3. 接线错误扣 2 分 4. 测量时表使用不规范每一处扣 1 分 5. 少测量一项扣 3 分			
1. 万用表粗测电 动机绕组直 流电阻 2. 单臂兆欧表测 电动机绕组直 流电阻	20	1. 未粗测量绕组电阻值扣 2 分 2. 未按单臂兆欧表正确使用方法操作每错误一处扣 2 分 3. 损坏单臂兆欧表指针扣 3 分 4. 少测量一相扣 5 分 5. 测量数据错误扣 5 分 6. 未记录测量数据本项不得分			
时间	10	考试时间 20 分钟。规定最多可超时 5 分钟		每超过 5min 扣 5 分	
安全、文明规范	10	操作现场不整洁、工具、器件摆放凌乱		每项扣 1 分	
		发生一般事故：如带电操作、考试中有大声喧哗等影响考试进度的行为等		每次扣 5 分	
		发生重大事故		本次总成绩以 0 分计	
备注	每一项最高扣分不应超过该项配分（除发生重大事故），最后总成绩不得超过 100 分			总　成　绩	
评价人				备注	

任务二　电表的改装

第一部分　教学要求

● **教学目标**

知识目标：

了解电表改装的原理。

技能目标：

① 掌握一种测定电流表表头内阻的方法；

② 学会将微安表表头改装成电流表和电压表；

③ 了解欧姆表的测量原理和刻度方法。

● **任务所需设备、工具、材料**

名称	型号或规格	单位	数量
常用电工工具	验电器、一字改锥、十字改锥、剥线钳等	套	10
电流表	85L1	块	10
电压表	J0408	块	10
磁电式微安表头	85C1	块	10
滑线变阻器	20Ω 2A	块	10

第二部分　教学内容

知识链接　将微安表改装成毫安表

电表在电学测量中有着广泛的应用，因此如何了解电表和使用电表就显得十分重要。电流计（表头）由于构造的原因，一般只能测量较小的电流和电压，如果要用它来测量较大的电流或电压，就必须进行改装，以扩大其量程。万用表的原理就是对微安表头进行多量程改装而来，在电路的测量和故障检测中得到了广泛的应用。

常见的磁电式电流计主要由放在永久磁场中的由细漆包线绕制的可以转动的线圈、用来产生机械反力矩的游丝、指示用的指针和永久磁铁所组成。当电流通过线圈时，载流线圈在磁场中就产生一磁力矩 $M_磁$，使线圈转动并带动指针偏转。线圈偏转角度的大小与线圈通过的电流大小成正比，所以可由指针的偏转角度直接指示出电流值。

1. 将微安表改装成毫安表

用于改装的 μA 表，习惯上称为"表头"。使表针偏转到满刻度所需要的电流 I_g 称表头的（电流）量程，I_g 越小，表头的灵敏度就越高。表头内线圈的电阻 R_g 称为表头的内阻。表头的内阻 R_g 一般很小，欲用该表头测量超过其量程的电流，就必须扩大它的量程。扩大量程的方法是在表头上并联一个分流电阻 R_s。使超量程部分的电流从分流电阻 R_s 上流过，而表头仍保持原来允许流过的最大电流 I_g。图中虚线框内由表头和 R_s 组成的整体就是改装后的电流表。

设表头改装后的量程为 I，根据欧姆定律得：

$$(I-I_g)R_s = I_g R_g \tag{2-1}$$

$$R_s = \frac{I_g R_g}{I - I_g} \tag{2-2}$$

若 $I = nI_g$，则

$$R_s = \frac{R_g}{n-1} \tag{2-3}$$

当表头的参量 I_g 和 R_g 确定后，根据所要扩大量程的倍数 n，就可以计算出需要并联的

分流电阻 R_s，实现电流表的扩程。如欲将微安表的量程扩大 n 倍，只需在表头上并联一个电阻值为 $\dfrac{R_g}{n-1}$ 的分流电阻 R_s 即可。

2. 将微安表改装成伏特表

微安表的电压量程为 I_gR_g，虽然可以直接用来测量电压，但是电压量程 I_gR_g 很小，不能满足实际需要。为了能测量较高的电压，就必须扩大它的电压量程。扩大电压量程的方法是在表头上串联一个分压电阻 R_H（如图 2-6 所示）。使超出量程部分的电压加在分压电阻 R_H 上，表头上的电压仍不超过原来的电压量程 I_gR_g。

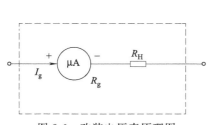

图 2-6　改装电压表原理图

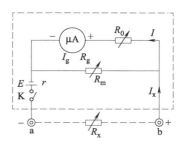

图 2-7　改装欧姆表原理图

设表头的量程为 I_g，内阻为 R_g，欲改成的电压表的量程为 V，由欧姆定律得：

$$I_g(R_g+R_H)=V \tag{2-4}$$

可得：

$$R_H=\frac{V}{I_g}-R_g \tag{2-5}$$

可见，要将量程为 I_g 的表头改装成量程为 V 的电压表，须在表头上串联一个阻值为 R_H 的附加电阻。同一表头串联不同的分压电阻就可得到不同量程的电压表。

3. 将微安表改装成欧姆表

将微安表与可变电阻 R_0（阻值大）、R_m（阻值小）以及电池、开关等组成如图 2-7 所示电路，就将微安表组装成了一只欧姆表。图中 I_g、R_g 是微安表的量程和内阻，E、r 为电池的电动势和内阻。a 和 b 是欧姆表两表笔的接线柱。

设 a、b 间由表笔接入待测电阻 R_x 后，通过 R_x 的电流为 I_x，流经微安表头的电流为 I，根据欧姆定律有

$$I_x=\cfrac{E}{R_x+r+\cfrac{R_m(R_0+R_g)}{R_m+(R_0+R_g)}}\approx\frac{E}{R_x+R_m}$$

由

$$R_m\ll R_0+R_g,\qquad(r\ll R_x) \tag{2-6}$$

和

$$I(R_0+R_g)=(I_x-I)R_m \tag{2-7}$$

解得

$$I=\frac{R_m}{R_0+R_g+R_m}I_x\approx\frac{R_m}{R_0+R_g}\cdot\frac{E}{R_x+R_m}\quad(R_m\ll R_0+R_g) \tag{2-8}$$

可以看出，当 R_m、R_0、R_g 和 E 一定时，$I\sim R_x$ 之间有一一对应关系。因此，只要在微安表电流刻度上侧标上相应的电阻刻度，就可以用来测量电阻了。根据这种关系绘制的欧姆表刻度如图 2-8 所示。由式（2-8）可以看出，欧姆表有如下特点。

① 当 $R_x=0$（相当于外电路短路）时，适当调节 R_0（零欧调节电阻）可使微安表指针偏转到满刻度，此时

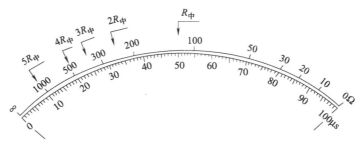

图 2-8　欧姆表刻度盘

$$I = \frac{E}{R_0 + R_g} = I_g$$

当 $R_x = \infty$（相当于外电路断路）时，$I = 0$，微安表不偏转。

可见，在欧姆表刻度尺上，指针偏转最大时示值为 0；指针偏转减小，示值反而变大；当指针偏转为 0 时，对应示值为 ∞。欧姆表刻度值的大小顺序跟一般电表正好相反。

② 当 $R_x = r + \dfrac{R_m \ (R_0 + R_g)}{R_m + \ (R_0 + R_g)} \approx R_m$ 时，$I = \dfrac{R_m}{R_x + R_m} \cdot \dfrac{E}{R_0 + R_g} = \dfrac{1}{2} I_g$

即当待测电阻等于欧姆表内阻时，微安表半偏转，指针正对着刻度尺中央。此时欧姆表的示值习惯上称为中值电阻，即 $R_{中} = R_m$。

当　　　　　　　　　　　　　　　$R_x = 2R_{中}$ 时，$I = I_g/3$

　　　　　　　　　　　　　　　　　$R_x = 3R_{中}$ 时，$I = I_g/4$

$$\vdots$$

$$R_x = nR_{中} \text{时}, I = I_g/(n+1)$$

欧姆表的刻度是不均匀的，指针偏转越小处刻度越密。上述分析还说明为什么欧姆表测量前必须先将 ab 两端短路、调节 R_0 使指针偏到满刻度（对准 0Ω）。

另外，由于欧姆表半偏转时测量误差最小。因此，尽管欧姆表表盘刻度范围从 0Ω 到 $\infty\Omega$，但通常只取中间一段（$1/5R_{中} \sim 5R_{中}$）作为有效测量范围。若待测电阻阻值超出这个范围，可将 R_m 扩大 10 倍、100 倍…，从而使 $R_{中}$ 也扩大同样倍数。只要在欧姆表面板上相应标上 $R_x \times 10$、$R_x \times 100$ 等字样，就可以方便地测量出各挡电阻的阻值。测量时选用 $R_x \times 10$ 挡还是 $R_x \times 100$ 挡？应由 R_x 的估计值决定，原则上应尽量使欧姆表指针接近半偏转（R_x 接近 $R_{中}$）为好。

上述欧姆表在理论上能够测量电阻，但使用上有问题。因为电池用久了电压会降低，若 a，b 间短路，将 R_0 调小才能使电表满量程，这样中值电阻发生了变化，读数就不准确。因此实用的欧姆表中加进了分流式调零电路，这里不再叙述。

第三部分　技能操作

技能训练

一、任务描述

学习测量表头内阻；将 $100\mu A$ 的表头改装成量程为 $1mA$ 的电流表；将 $100\mu A$ 的表头改装成量程为 $1V$ 的电压表。

二、实训内容

实训任务单

项目名称	子项目	内容要求	备注
电表的改装	测量表头内阻	学员按照人数分组训练：测量表头内阻	
	将 $100\mu A$ 的表头改装成量程为 $1mA$ 的电流表	学员按照人数分组训练：插座与插头的安装	
	将 $100\mu A$ 的表头改装成量程为 $1V$ 的电压表		
	将 $100\mu A$ 的表头改装成中值电阻为 120Ω 的欧姆表		
目标要求			
实训器材	不同类型的导线、尖嘴钳、螺丝刀（一字、十字）、试电笔、万用表、组合开关、按钮、电源插头、闸刀开关、螺口灯头、卡口灯头、螺口灯泡、卡口灯泡、拉线开关 2 个、细保险丝 2 条（不大于 0.5A）、镊子、活络扳手等		
其他			
项目组别	负责人	组员	

三、实训步骤及工艺要求

1. 测量表头内阻

本实验用替代法测量表头内阻，电路图如图 2-9 所示。测量时先合上 K_1，再将开关 K_2 扳向"1"端，调节 R_1 和 R_2，使标准电流表 mA 示值对准某一整数值 I_0（如 $80\mu A$），然后保持 U_{BC}（R_1 的 C 端）和 R_2 不变，将 K_2 扳向"2"端（以 R_2 代替 R_g）。这时只调节 R_3，使标准电流表 mA 示值仍为 I_0（如 $80\mu A$）。这时，表头内阻正好就等于电阻箱 R_3 的读数。实验中要求按表格 2-1 测量五次。

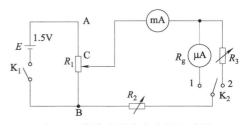

图 2-9　替代法测表头内阻电路图

注意：实验过程中 μA 和 mA 两表示值不同步并不影响 R_g 的测量，但标准表 mA 的电流不能超过 $1mA$。

表 2-1　测量表头内阻数据表

$I/\mu A$	60.0	80.0	90.0
R_g/Ω			
$\overline{R_g}/\Omega$			

2. 将 $100\mu A$ 的表头改装成量程为 $1mA$ 的电流表

按图 2-10 连接好线路。

① 根据测出的表头内阻 R_g，求出分流电阻 R_S（计算值）。然后将电阻箱 R_S 调到该值

后，图中的虚线框即为改装的 1mA 电流表。

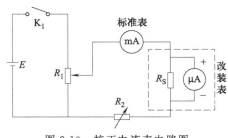

图 2-10　校正电流表电路图

② 校准电流表量程：先调好表头零点（机械零点），然后调节 R_1 和 R_2 使标准表 mA 示值为 1mA。这时改装表 μA 示值应该正好是满刻度值，若有偏离，可反复调节 R_1、R_2 和 R_S，直到标准表和改装表均和满刻度线对齐为止，这时改装表量程就符合要求，此时 R_S 的值才为实验值，否则电流表的改装就没有达到要求。

③ 校正改装表：保持 R_S 不变，调节 R_1、R_2 使改装表示值 I_x 按表 2-2 的要求（即由 1.00、0.90、…直到 0.10mA 变化）也就是表头示值由 100、90、…直减到 10μA，记下标准表 mA 的相应示值 I_S。

④ 以改装表示值 I_x 为横坐标，以修正值为纵坐标，相邻两点间用直线连接，画出折线状的校正曲线 $\Delta I_x \sim I_x$。

表 2-2　电流表校正数据表格

分流电阻 R_S：计算值＝_____ Ω　　　实验值＝_____ Ω

I_x/mA	0.10	0.20	0.30	0.40	0.50	0.60	0.70	0.80	0.90	1.00
I_S/mA										
$\Delta I_x = I_S - I_x/\text{mA}$										

3. 将 100μA 的表头改装成量程为 1V 的电压表

参考改装电流表的步骤，先求出分压电阻 R_H（计算值），按图 2-11 接好线路，将表头组装成量程为 1V 的电压表；测出分压电阻 R_H 的实验值，并保持其不变，调节 R_1、R_2，使改装表由满刻度开始逐渐减小直到零（表头 μA 示值由 100、90、…直减到 10μA）；同时记下改装表（U_x）和标准表（U_S）相应的电压读数，将数据填入表 2-3 中。同样画出折线状的电压表校正曲线 $\Delta U_x \sim U_x$。

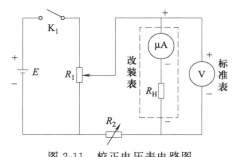

图 2-11　校正电压表电路图

表 2-3　电压表校正数据表格

分压电阻 R_H：计算值＝_____ Ω　　　实验值＝_____ Ω

U_x/V	0.10	0.20	0.30	0.40	0.50	0.60	0.70	0.80	0.90	1.00
U_S/V										
$\Delta U_x = U_S - U_x/\text{V}$										

4. 将 100μA 的表头改装成中值电阻为 120Ω 的欧姆表（选做）

① 按图 2-12 连接好电路，此时已组装好欧姆表。组装通电前应拨好电阻箱 R_0、R_1 的阻值。

② 用电阻箱代替 R_x，使 $R_x = 0$ 时，微安表指针对准满刻度值。

③ 根据表 2-4 所测出的数据，画出欧姆表刻度盘。

表 2-4 改装欧姆表数据表

$R_0 = $ _____ Ω $\qquad$ $R_1 = $ _____ Ω

R_x/Ω	0	20	30	40	50	80	120
$I/\mu A$							
R_x/Ω	150	200	300	400	500	1000	∞
$I/\mu A$							

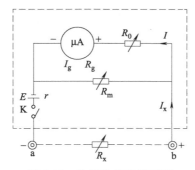

图 2-12 改装欧姆表原理图

项目三

一室一厅家庭照明电路的安装 ▶▶▶

任务一 导线的选取与敷设

第一部分 教学要求

● **教学目标**

知识目标：

知道绝缘导线的名称、型号、规格和用途。

技能目标：

① 初步学会剥线工具的使用；

② 学会软导线的压接法和针孔接法；

③ 初步学会绝缘胶布的包缠方法；

④ 重视安全使用电工工具。

● **任务所需设备、工具、材料**

名称	型号或规格	单位	数量
常用电工工具	验电器、一字改锥、十字改锥、剥线钳等	套	1
导线	铝线		
导线	铜线		

第二部分 教学内容

知识链接1 导线的选择

1. 线芯材料的选择

作为线芯的金属材料，必须同时具备的特点是：电阻率较低；有足够的机械强度；在一般情况下有较好的耐腐蚀性；容易进行各种形式的机械加工，价格较便宜。铜和铝基本符合这些特点，因此，常用铜或铝作导线的线芯。当然，在某些特殊场合，需要用其他金属作导电材料。铜导线的电阻率比铝导线小，焊接性能和机械强度比铝导线好，因此它常用于要求较高的场合。铝导线密度比铜导线小，而且资源丰富，价格较铜低廉。但是随着用电功率的提高，对用电安全提出了更高的要求，铜导线的使用变得极为普遍。

2．导线截面的选择

选择导线，一般考虑三个因素：长期工作允许电流、机械强度和线路电压降在允许范围内。

（1）根据长期工作允许电流选择导线截面

由于导线存在电阻，当电流通过导线电阻时会发热，如果导线发热超过一定限度时，其绝缘物会老化、损坏，甚至发生电火灾。所以，根据导线敷设方式不同、环境温度不同，导线允许的载流量也不同。通常把允许通过的最大电流值称为安全载流量。在选择导线时，可依据用电负荷，参照导线的规格型号及敷设方式来选择导线截面，表3-1是一般用电设备负载电流计算表。

表 3-1　负载电流计算表

导线标称截面 /mm²	裸线		橡皮或塑料绝缘线单芯 500			
	TJ 型（铜线）	LJ 型（铝线）	BX 型（铜芯橡皮线）	BLX 型（铝芯橡皮线）	BV 型（铜芯塑料线）	BLV 型（铝芯塑料线）
2.5	—	—	35	27	32	25
4	—	—	45	35	42	32
6	—	—	58	45	55	42
10	—	—	85	65	75	50
16	130	105	110	85	105	80
25	180	135	145	110	138	105
35	220	170	180	138	170	130
50	270	215	230	175	215	165
70	340	265	285	220	265	205
95	415	325	345	265	325	250
120	485	375	400	310	375	385
150	570	440	470	360	430	325
185	645	500	540	420	490	380
240	770	610	600	510	—	—

（2）根据机械强度选择导线

导线安装后和运行中，要受到外力的影响。导线本身自重和不同的敷设方式使导线受到不同的张力，如果导线不能承受张力作用，会造成断线事故。在选择导线时必须考虑导线截面。导线按机械强度所允许的最小截面如表3-2。

表 3-2　导线按机械强度所允许的最小截面

导线截面		导线最小截面/mm²	
		铜线	铝线
照明装置用导线	户内用	0.5	2.5
	户外用	1.0	2.5
双芯软电线	用于电灯	0.35	—
	用移动式生活用电设备	0.5	—
多芯软电线及软电缆	用于移动式生产用电设备	1.0	—

续表

导线截面		导线最小截面/mm²	
		铜线	铝线
绝缘导线:用于固定架设在户内绝缘支持件上,其间距为	2m 及以下	1.0	2.5
	6m 及以下	2.5	4
	25m 及以下	4	10
裸导线	户内用	2.5	4
	户外用	6	16
绝缘导线	穿在管内	1.0	2.5
	木槽板	1.0	2.5
绝缘导线	户外沿墙敷设	2.5	4
	户外其他方式	4	10

（3）根据电压损失选择导线截面

导线上引起的电压降必须控制在允许范围内，以防止在远处的用电设备不能启动。

① 住宅用户，由变压器低压侧至线路末端，电压损失应小于6%。

② 电动机在正常情况下，电动机端电压与其额定电压不得相差±5%。

按照以上条件选择导线截面的结果，在同样负载电流下可能得出不同截面数据。此时，应选择其中最大的截面。

3. 导线的型号及种类

表 3-3　标准产品型号表示法

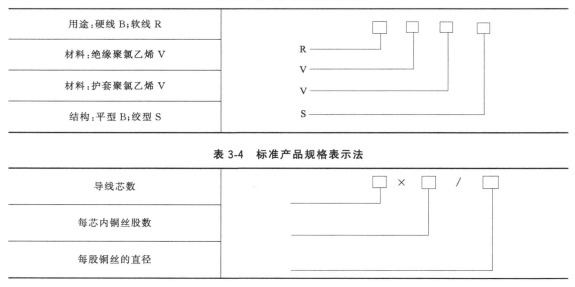

表 3-4　标准产品规格表示法

导线标准产品型号及规格表示法见表 3-3、表 3-4。

导线安全载流量表是选择导线粗细的一项重要依据，从三种不同的思维角度出发，推理出导线粗细选择的原则：①标称截面积相同，布线形式不同，安全载流量不同；②工作电流相同，布线形式不同，应选择不同粗细的芯线；③安全载流量与导线的标称截面积不成正比。实际应用中，第二种情况占多数。

说明：

① 电功率近似计算：空调1～3kW，电冰箱150W左右，洗衣机350W左右，日光灯功率因数作0.5。

② 强调指出，护套线直接"入墙"敷设严重违章的理由：安全载运量减少；"低规"不允许；容易发生触电事故。

③ 学生通过估算和观察，了解到改革开放以来，人民生活水平的日益提高，家用电器的增加，装潢日益考究，从用电量大大增加这个事实出发，教师引导学生积极思考，如何合理选择和安全使用绝缘导线，特别指出：明线改为暗线，必须"穿管"敷设；一般家用电器电源线宜采用三芯软护套线；增粗进户线。原 1 mm² 导线改为 2.5mm²。进户后，因导线太粗不利施工时，也可将总电路分成 2～3 个支路，允许每支路使用 1 mm² 的导线，以利于施工和分路控制，但不允许集中单路传送大电流。

知识链接 2　室内线路配线

室内线路配线可分为明敷和暗敷两种。明敷：导线沿墙壁、天花板表面、桁梁、屋柱等处敷设。暗敷：导线穿管埋设在墙内、地坪内或顶棚里。一般来说，明配线安装施工和检查维修较方便，但室内美观受影响，人能触摸到的地方不太安全；暗配线安装施工要求高，检查和维护较困难。

配线方式一般分：瓷（塑料）夹板配线、绝缘子配线、槽板配线、塑料护套线配线和线管配线等。本教学内容着重介绍较常采用的绝缘子配线、塑料护套线配线和线管配线。室内的电气安装和配线施工，应做到电能传送安全可靠，线路布置合理美观，线路安装牢固。

一、绝缘子配线

绝缘子配线也称瓷瓶配线，是利用绝缘子支持导线的一种配线，用于明配线。绝缘子较高，机械强度大，适用于用电量较大而又较潮湿的场合。绝缘子一般有鼓形绝缘子，常用以截面较细导线的配线；有蝶形绝缘子、针式绝缘子和悬式绝缘子，常用以截面较粗的导线配线。

1. 绝缘子配线的方法

① 定位　定位工作在土建未抹灰前进行。根据施工图确定用电器的安装地点、导线的敷设位置和绝缘子的安装位置。

② 划线　划线可用粉线袋或边缘有尺寸的木板条进行。在需固定绝缘子处划一个"╳"号，固定点间距主要考虑绝缘子的承载能力和两个固定点之间导线下垂的情况。

③ 凿眼　按划线定位进行凿眼。

④ 安装木榫或埋设缠有铁丝的木螺钉。

⑤ 埋设穿墙瓷管或过楼板钢管。此项工作最好在土建时预埋。

⑥ 固定绝缘子　在木结构墙上只能固定鼓形绝缘子，可用木螺丝直接拧入。在砖墙上或混凝土墙上，可利用预埋的木榫和木螺钉固定鼓形绝缘子；也可用环氧树脂粘接剂来固定鼓形绝缘子，也有用预埋的支架和螺栓来固定绝缘子。

⑦ 敷设导线及导线的绑扎　先将导线校直，将一端的导线绑扎在绝缘子的颈部，然后在导线的另一端将导线收紧，绑扎固定，最后绑扎固定中间导线。

2. 绝缘子配线注意事项

① 平行的两根导线，应在两个绝缘子的同一侧或者在两绝缘子的外侧。严禁将导线置于两绝缘子的内侧。

② 导线在同一平面内，如遇弯曲时，绝缘子须装设在导线的曲折角内侧。

③ 导线不在同一平面上曲折时，在凸角的两个面上，应设两个绝缘子。

④ 在建筑物的侧面或斜面配线时，必须将导线绑在绝缘子的上方。

⑤ 导线分支时，在分支点处要设置绝缘子，以支持导线。

⑥ 导线相互交叉时，应在距建筑物近的导线上套绝缘保护管。

⑦ 绝缘子沿墙垂直排列敷设时，导线弛度不得大于 5mm，沿水平支架敷设时，导线弛度不得大于 10mm。

二、塑料护套线配线

塑料护套线是具有塑料保护层的双芯或多芯绝缘导线。这种导线具有防潮性能良好、安全可靠、安装方便等优点。可以直接敷设在墙体表面，用铝片线卡（俗称钢精扎头）作为导线的支持物，在小容量电路中被广泛采用。

1. 塑料护套线的配线方法

① 划线定位　先确定电器安装位置和线路走向，用弹线袋划线，每隔 150～300mm 划出铝片线卡的位置，距开关、插座、灯具、木台 50mm 处要设置线卡的固定点。

② 固定铝片线卡　在木结构和抹灰浆墙上划有线卡位置处用小铁钉直接将铝片线卡钉牢，但对于抹灰浆墙每隔 4～5 个线卡位置或转角处及进木台前须凿眼安装木榫，将线卡钉在木榫上。对砖墙或混凝土墙可用木榫或环氧树脂粘接剂固定线卡。

③ 敷设导线　护套线应敷设得横平竖直，不松弛，不扭曲，不可损坏护套层。将护套线依次夹入铝片线夹。

④ 铝片线卡的夹持　如图 3-1 所示将铝片线卡收紧夹持护套线。

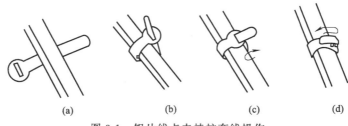

图 3-1　铝片线卡夹持护套线操作

2. 塑料护套线配线的注意事项

① 塑料护套线不得直接埋入抹灰层内暗配敷设。

② 室内使用塑料护套线配线，规定其铜芯截面不得小于 $0.5mm^2$，铝芯不得小于 $1.5mm^2$。室外使用，其铜芯截面不得小于 $1.0mm^2$，铝芯不得小于 $2.5mm^2$。

③ 塑料护套线不能在线路上直接剖开连接，应通过接线盒或瓷接头，或借用插座、开关的接线桩来连接线头。

④ 护套线转弯时，转弯前后各用一个铝片线卡夹住，转弯角度要大。如图 3-2（a）所示。

⑤ 两根护套线相互交叉时，交叉处要用四个铝片线卡夹住，如图 3-2（b）所示。护套线尽量避免交叉。

⑥ 护套线穿越墙或楼板及离地面距离小于 0.15m 的一般护套线应加电线管保护，如图 3-2（c）所示。

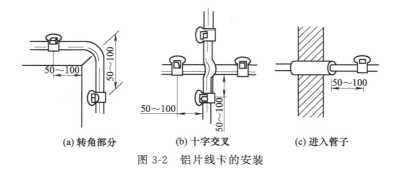

(a) 转角部分　　　　(b) 十字交叉　　　　(c) 进入管子

图 3-2　铝片线卡的安装

三、线管配线

把绝缘导线穿在管内的配线称为线管配线。线管配线有耐潮、耐腐蚀、导线不易受到机械损伤等优点，但安装、维修不方便。适用于室内外照明和动力线路的配线。

1. 线管配线的方法

（1）线管的选择

① 根据使用场所选择线管的类型。对于潮湿和有腐蚀气体的场所选择管壁较厚的白铁管；对于干燥场所采用管壁较薄的电线管；对于腐蚀性较大的场所一般选用硬塑料管。

② 根据穿管导线的截面和根数来选择线管的直径。一般要求穿管导线的总截面（包括绝缘层）不应超过线管内径截面的 40% 来选择。

（2）线管的敷设

根据用电设备位置设计好线路的走向，尽量减少弯头。用弯管机制作弯头时，管子弯曲角度一般不应小于 90°，要有明显的圆弧，不能弯瘪线管，这样便于导线穿越。硬塑料管弯曲时，先将硬塑料管用电炉或喷灯加热直到塑料管变软，然后放到木坯具上弯曲，用湿布冷却后成型。线管的连接：对于钢管与钢管的连接采用管箍连接，管子的丝扣部分应顺螺纹方向缠上麻丝后用管子钳拧紧；钢管与接线盒的连接用锁紧螺母夹紧；塑料硬管之间的连接采用插入法和套接法连接，在连接处需涂上粘接剂。

（3）线管的固定

线管明敷设时，采用管卡支持；当线管进入开关、灯头、插座、接线盒前 300mm 处及线管弯头两边需用管卡固定。线管暗线敷设时，用铁丝将管子绑扎在钢筋上或用钉子钉在模板上，将管子用垫块垫高，使管子与模板之间保持一定距离。

（4）线管的接地

线管配线的钢管必须可靠接地。

（5）扫管穿线

① 先将管内杂物和水分清除；

② 选用 $\varphi1.2mm$ 的钢丝做引线，钢丝一头弯成小圆圈，送入线管的一端，由线管另一端穿出。在两端管口加护圈保护并防止杂物进入管内；

③ 按线管长度加上两端连接所需长度余量截取导线，削去导线绝缘层，将所有穿管导线的线头与钢丝引线缠绕。同一根导线的两头做上记号。穿线时由一人将导线理成平行束向线管内送，另一人在线管的另一端慢慢抽拉钢丝，将导线穿入线管。

2. 线管配线的注意事项

① 穿管导线的绝缘强度应不低于 500V，导线最小截面规定铜芯线 $1mm^2$，铝芯

线 2.5mm²。

② 线管内导线不准有接头，也不准穿入绝缘破损后经包缠恢复绝缘的导线。

③ 交流回路中不许将单根导线单独穿于钢管，以免产生涡流发热。同一交流回路中的导线，必须穿于同一钢管内。

④ 线管线路应尽可能减少转角或弯曲。管口、管子连接处均应做密封处理，防止灰尘和水汽进入管内，明管管口应装防水弯头。

⑤ 管内导线一般不得超过 10 根，不同电压或不同电能表的导线不得穿在一根线管内。但一台电动机包括控制和信号回路的所有导线，及同一台设备的多台电动机的线路，允许穿在同一根线管内。

第三部分　技能操作

技能训练

1. 任务描述

学习安装简单的照明电路；练习使用试电笔。

2. 实训内容

实训任务单

项目名称	子项目	内容要求	备注
导线的选取与敷设	导线的剥制和连接	学员按照人数分组训练： 1. 导线的选取； 2. 导线的剥制和连接。	
	插座与插头的安装	学员按照人数分组训练： 插座与插头的安装	
目标要求			
实训器材	不同类型的导线、尖嘴钳、螺丝刀（一字、十字）、试电笔、万用表、组合开关、按钮、电源插头、闸刀开关、螺口灯头、卡口灯头、螺口灯泡、卡口灯泡、拉线开关 2 个、细保险丝 2 条（不大于 0.5A）、镊子、活络扳手等		
其他			
项目组别	负责人	组员	

3. 实训步骤及工艺要求

（1）导线的剥制和连接

导线的剥制

① 教师先进行演示，务必让学生知道不是所有的利器都可以充当电线剥制工具的，说明其理由。电工刀刀刃比较如图 3-3 所示。

② 重点介绍电工刀正确的"开刃"方法和持握方法（见图 3-4），以免发生伤害事故。

③ 介绍检验芯线剥伤程度的方法，介绍避免损伤芯线的方法。图 3-5 所示为用电工刀剥离护套层的方法。

软导线的连接

① 介绍和演示软导线与软导线的连接方法，电工专用绝缘胶带包缠方法。

② 软电线与针孔式连接方法连接。

图 3-3　电工刀刀刃比较　　　图 3-4　电工刀持握方法　　　图 3-5　用电工刀剥离护套层

说明：

① 简述传统黑色胶布的选用。在日光灯电路中可重点介绍。

② 强调指出，在布线过程中，不能使用软线，不准有"接头"。除了在日光灯电路中，镇流器接线有"接头"外，一般不存在软导线与软导线的连接内容。建议该内容移至"日光灯电路的安装"中介绍。

A. 操作工艺要求

① 剥线工具的选择

正确选择软导线剥制工具；

正确选择护套线剥制工具；

正确选择硬线剥制工具。

② 剥塑料软电线的绝缘层

芯线无损伤，不断股；

芯线裸露部分长度适中。

③ 软电线与软电线的连接

导线接触良好，轻易拉不开；

塑料绝缘胶布缠绕规范。

④ 软电线与针孔接线柱的连接

多股芯线绞紧后插入针孔；

将芯线折成双股插入较大针孔；

芯线不外裸，不被螺钉压断。

B. 技术关键

① 电工刀持握时手肘（大臂）贴紧肋部，可减少伤害事故发生。

② 电工刀开刃时的打磨角度，可参考木工凿刃口的"角度"。剥制导线时，切口光滑，不伤铜芯。

③ 护套层剥离长度不够，将会造成预留线头长度不足；护套层剥离长度过多，将会在敷设布线时出现护套破损外露，影响外观。

C. 典型错误

① 用非专用电工工具剥制导线。

② 芯线受损伤，不注意及时纠正，以至在布线后，连接接线柱时出现断裂，造成导线长度不足。

③ 用橡皮膏代替胶布；用劣质或超过使用期的胶布。

④ 绝缘胶带压叠幅度不足 1/2；铜芯外裸。

⑤ 铜线连接不可靠，一拉就断开。

（2）插座与插头的安装

A. 操作工艺要求

① 软电线的压接法操作要求：绞紧芯线，导线在螺钉上沿顺时针方向绕一圈后贴近芯线向回转折，将余下线头贴在螺钉与线根下面，旋紧螺钉。芯线剥制无伤痕，不断股；绞紧芯线，不松散；绕线方向正确。

② 三极插头插座的压板压着塑料导线的护套层（如无压板，应在出线前打结加固）

③ 三极插头插座的连接——对应；

④ 接地线的绝缘为黄绿双色（如无双色，可优先选择深色或冷色调）。

B. 技术关键

① 准备工作必须充分、完好。软导线的剥制一定要认真仔细，不能伤及芯线。如发现有断股现象，即使只断一股，也要推倒重来，千万不要有侥幸心理，否则将影响后面的安装速度和质量。在此之前，可另选一根软导线作剥制练习。

② 三芯线中，接地线离接线柱的距离最远，应最先剥制，但铜芯裸露长度不宜过长，以免发生短路。

③ 在拆插座板上盖前，教师如能事先介绍一些螺纹常识，则可避免一些不必要的损失。

C. 典型错误

① 用平型线代替护套线，用二芯线代替三芯线；

② 芯线标称截面积不足 0.75mm^2；

③ 拆卸插座上盖时，不知螺纹"正方向"，将盖板螺丝越旋越紧，以至粉碎；

④ 螺丝刀口太宽，将插座上盖旋裂，或结束时忘记旋紧上盖；

⑤ 相线和零线错位；

⑥ 压接法操作有误。

4. 技能评分

班级				姓　名		
开始时间				结束时间		
项目	配分		评　分　标　准　及　要　求			扣　分
导线的选配	10	根据实际电路,选择合适的导线,错误每处扣5分				
导线的剥制	20	① 芯线无损伤； ② 裸露芯线长度适中				
导线的连接	20	① 接触良好，轻易拉不开； ② 绝缘胶布包缠规范				
插座与插头的安装	30	① 插头插座对应连接,不错位； ② 插头插座的压板压紧塑料导线的保护层； ③ 双色"接地线"				
时间	10	考试时间20min。规定最多可超时5min		每超过5min扣5分		
安全、文明规范	10	操作现场不整洁、工具、器件摆放凌乱		每项扣1分		
		发生一般事故:如带电操作、考试中有大声喧哗等影响考试进度的行为等		每次扣5分		
		发生重大事故		本次总成绩以0分计		
备注	每一项最高扣分不应超过该项配分(除发生重大事故),最后总成绩不得超过100分			总　成　绩		
评价人				备注		

任务二 一室一厅家庭照明电路的安装

第一部分 教学要求

● 教学目标

知识目标：

① 了解漏电保护器的工作原理；

② 了解家庭照明电路；

③ 学生通过照明线路的安装与维修的实践技能训练，使学生掌握电工的基本操作工艺、常用电路的安装及工作原理等。

技能目标：

① 学会根据电路图安装电路；

② 学会软导线的压接法和针孔接法；

③ 正确安装电气器件和线路；

④ 会使用常见的电工工具，如剥线钳、测电笔的使用。

● 任务所需设备、工具、材料

名称	型号或规格	单位	数量
常用电工工具	验电器、一字改锥、十字改锥、剥线钳等	套	1
导线	铜导线		
照明工具	灯座、插座、灯泡、开关、线卡	套	1
电能表	单相电能表	个	1

第二部分 教学内容

知识链接1 住宅的防雷、接地、安全保护

多层住宅的防雷，从设计上讲，应根据《民用建筑电气设计规范》的有关规定进行设计。工程做法上，屋面上设有明装或暗装的避雷网。一般采用暗装式避雷网，材料为镀铸扁钢—25×4 或镀铸圆钢ℂ100 从施工角度看，应首选圆钢。引下线做法有两种：一种是利用构造柱主筋，另一种是用镀铸扁钢—25×4 或ℂ10 镀铈圆钢。一端与避雷网焊接，另一端与接地体焊接。引下线应首选利用建筑物柱内主筋的做法，施工方便又节省材料和资金。接地体的做法也有两种：一种是沿建筑物四周敷设镀锡扁钢—40×4，另一种是利用建筑物基础钢筋。应该充分利用建筑物基础钢筋做自然接地体。

接地方式为联合接地。保护接地、工作接地、防雷接地共用同一接地体。接地系统为TN-C-S。在进户总配电箱处做重复接地。卫生间必须做局部等电位连接。这个问题必须引起足够的重视。目前，有相当多的人认识不清，一是认为没必要，二是认为给施工带来麻烦，加大工程成本，甚至有的工程设计图中明确说明卫生间做局部等电位连接，而开发商方

将其取消，有的施工方提出取消。等电位连接是接地故障保护的一项基本措施，在发生接地故障时，它可以显著降低电气装置外露导电部分的预期接触电压，减少保护电器动作不可靠的危险性，消除或降低从建筑物外部窜入电气装置外露导电部分的危险电压的影响，是防止间接接触电击及接地故障引起的爆炸和火灾的重要措施。

由于国家有文件规定，给水管不准用镀锌钢管，这样进入卫生间的给、排水管均用塑料管，所选浴缸为玻璃钢材料制成，坐便器、洗脸盆为陶瓷制器，电气布线用 PVC 管暗设。

知识链接 2　常见照明电光源的种类和特点

常见照明电光源的种类和特点见表 3-5。

表 3-5　常见照明电光源的种类和特点

种类	特　　点	应用范围
白炽灯	结构简单,价格低廉,使用和维修方便;光效低,寿命短,不耐震。	用于室内,外照度要求不高,而开关频繁的场合
荧光灯	发光效率比白炽灯高 3 倍,使用寿命比白炽灯长 2～3 倍,光色较好;功率因数较低,附件多,故障率较白炽灯高	广泛用于办公室、会议室、家庭、商场等场所
碘钨灯	发光效率比白炽灯高 30% 左右,结构简单,使用可靠,光色好,体积小,装修方便;灯管必须水平安装(倾斜度不大于 4°)灯管温度高(管壁温度可达 500～700℃)	广场、体育场、游泳池、车间、仓库等照明要求高、照射距离远的场合
高压汞灯	发光效率是白炽灯 3 倍,耐震、耐热性能好,使用寿命是白炽灯 2～3 倍;启辉时间长,适应电压波动性能差(电压下降 5% 可能引起自熄),熄灭后再启动时间长(约 5～10min 才能再次开灯)	广场、车间、仓库、码头、街道场合
高压钠灯	发光效率高,耐震性能好,使用寿命超过白炽灯的 10 倍,光线穿透力强;辨色性能差	车站、码头、街道等尤其适用于多雾、多尘埃的场合
氙灯	功率极大,自几千瓦至数十千瓦,体积小,使用寿命长;结构复杂,需要配用触发装置,灯管温度高	广泛用于广场、体育场、公园等大面积照明

知识链接 3　常见家庭用线路

常见家庭用线路图如图 3-6 所示。

1. 漏电保护器的作用及其结构、工作原理

（1）漏电保护器的作用

漏电保护器（漏电保护开关）是一种电气安全装置。将漏电保护器安装在低压电路中，当发生漏电和触电时，且达到保护器所限定的动作电流值时，就立即在限定的时间内动作自动断开电源进行保护。

（2）漏电保护器的结构

漏电保护器主要由三部分组成：检测元件、中间放大环节、操作执行机构。①检测元件。由零序互感器组成，检测漏电电流，并发出信号。②放大环节。将微弱的漏电信号放大，按装置不同（放大部件可采用机械装置或电子装置），构成电磁式保护器和电子式保护器。③执行机构。收到信号后，主开关由闭合位置转换到断开位置，从而切断电源，是被保护电路脱离电网的跳闸部件。

（3）漏电保护器的工作原理

① 当电气设备发生漏电时，出现两种异常现象：

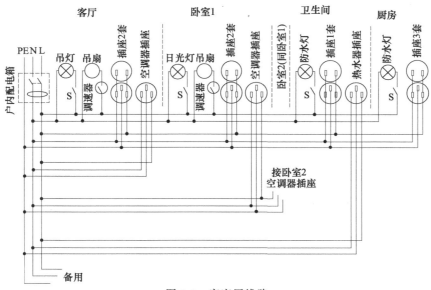

图 3-6 家庭用线路

一是：三相电流的平衡遭到破坏，出现零序电流；

二是：正常时不带电的金属外壳出现对地电压（正常时，金属外壳与大地均为零电位）。

② 零序电流互感器的作用。漏电保护器通过电流互感器检测取得异常讯号，经过中间机构转换传递，使执行机构动作，通过开关装置断开电源。电流互感器的结构与变压器类似，是由两个互相绝缘绕在同一铁芯上的线圈组成。当一次线圈有剩余电流时，二次线圈就会感应出电流。

③ 漏电保护器工作原理。将漏电保护器安装在线路中，一次线圈与电网的线路相连接，二次线圈与漏电保护器中的脱扣器连接。当用电设备正常运行时，线路中电流呈平衡状态，互感器中电流矢量之和为零（电流是有方向的矢量，如按流出的方向为"＋"，返回方向为"－"，在互感器中往返的电流大小相等，方向相反，正负相互抵消）。由于一次线圈中没有剩余电流，所以不会感应二次线圈，漏电保护器的开关装置处于闭合状态运行。当设备外壳发生漏电并有人触及时，则在故障点产生分流，此漏电电流经人体—大地—工作接地，返回变压器中性点（并未经电流互感器），致使互感器中流入、流出的电流出现了不平衡（电流矢量之和不为零），一次线圈中产生剩余电流。因此，便会感应二次线圈，当这个电流值达到该漏电保护器限定的动作电流值时，自动开关脱扣，切断电源。

常见两相、三相漏电保护器如图 3-7 所示。

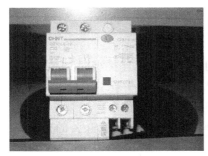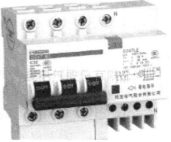

图 3-7 常见两相、三相漏电保护器

第三部分　技能操作

技能训练

1. 任务描述

一室一厅家庭照明电路的安装。

2. 实训内容

实训任务单

项目名称	子项目	内容要求	备注
一室一厅家庭照明电路的安装	导线的剥制和连接	学员按照人数分组训练： 1. 导线的选取； 2. 导线的剥制和连接。	
	照明电路的布线	学员按照人数分组训练： 照明电路的布线	
目标要求			
实训器材	不同类型的导线、尖嘴钳、螺丝刀(一字、十字)、试电笔、万用表、组合开关、按钮、电源插头、闸刀开关、螺口灯头、卡口灯头、螺口灯泡、卡口灯泡、拉线开关 2 个、细保险丝 2 条(不大于 0.5A)、镊子、活络扳手等		
其他			
项目组别	负责人	组员	

3. 实训步骤及工艺要求

（1）室内照明线路的安装要求

总体要求：正规、合理、牢固 、美观。

① 各种灯具、开关、插座、吊线盒及所有附件品种规格、性能参数，如额定电压、电流等必须符合要求。

② 如应用在户内特别潮湿或具有腐蚀性气体和蒸汽的场所，应用在易燃或易爆物的场所以及应用于户外的，必须相应地采用具有防潮或防爆结构的灯具和开关。

③ 灯具安装应牢固。质量在 1kg 以内的灯具可采用软导线自身作吊线；质量超过 1kg 的灯具应采用链吊或管吊；质量超过 3kg 时必须固定在预埋的吊钩或螺栓上。

④ 灯具的吊管应由直径不小于 10mm 的薄壁钢管制成。

⑤ 灯具固定时，不应因灯具自重而使导线承受额外的张力，导线在引入灯具处不应有磨损，不应受力。

⑥ 导线分支及连接处应便于检查。

⑦ 必须接地或接零的金属外壳应由专门的接地螺栓连接牢固，不得用导线缠绕。

⑧ 灯具的安装高度：室内一般不低于 2.4m，室外一般不得低于 3m，如遇特殊情况难以达到要求，可采取相应保护措施或采用 36V 安全电压供电。

⑨ 室内照明开关一般安装在门边易于操作的地方 。拉线开关的安装高度一般离地 2～3m，扳把开关一般离地 1.3m，离开框的距离一般为 150～200mm。安装时，同一建筑物内的开关宜采用同一系列产品，并应操作灵活 ，接触可靠。还要考虑使用环境以选择合适的

外壳防护形式。

（2）室内照明线路敷设和施工安装工艺

室内照明设计与施工满足条件

① 安全；② 可靠；③ 经济。

室内布线分为明敷设和暗敷设两种，均由 PVC 管、接线盒和导线组成

① 暗敷设布线：将 PVC 管埋在建筑材料和墙内，原则要求走捷径，尽量减少弯头。适用于美观要求较高的场所，如家庭、办公室等场所等。

② 明敷设布线：管线暴露在外面，要求布线沿建筑物横平竖直，讲究工艺美观，管子用线卡固定。适宜商场和特殊照明安装。

敷设线路的步骤及工艺要求

① 根据要求，设计施工图。

② 根据施工图，确定所需材料。根据要求弄清导线、PVC 管、管件及管卡、螺钉等的规格、数量。

③ 敷设 PVC 管。敷设应横平竖直，整齐美观，按室内建筑物形态弯曲贴近。

④ 穿线。穿线时将所有穿的导线作好记号，用胶布绑扎在一起，从 PVC 管的一端逐渐送入另一端口，并把导线拉直，固定 PVC 管。PVC 管内穿导线的总面积应不超过管内截面积的 40%，并且管内导线不允许接头，不得有拧绞现象。

⑤ 接线时应注意：所有的分支线和导线的接头应设置在分线盒和开关盒内；线盒内线头留有余度；导线扭绞连接要紧密，并包好绝缘带；接插座线时应注意左零右火的规定；接螺口灯头时应保证螺丝部分为零线；所有的开关都应控制火线，所有的零线不应受控。

⑥ 送电前，应用万用表对整个线路和元件检测，方可送用。

（3）白炽灯插座电路电器安装知识

白炽灯电路

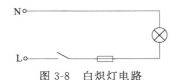

图 3-8　白炽灯电路　　　　　　图 3-9　单相二孔插座电路

从图 3-8 可知：白炽灯电路由导线、墙边开关、熔断器及灯座组成。火线先接开关，然后才接到白炽灯座（头），而零线直接接入灯座，当开关合上时，白炽灯泡得电发光。

插座电路

单相二孔插座（见图 3-9）：

水平安装时为左零右相，垂直安装时为上火下零；

对于单相三孔扁插座是左零右相上为地，不得将地线孔装在下方或横装。

（4）一开关控制一盏白炽灯并装有一插座的护套线照明电路的安装

电气原理图见图 3-10。

配电板安装接线图见图 3-11。

步骤

① 检测所用电器元件。

② 定位及划线。

③ 按图 3-11 固定元器件（对于接线盒要注意开口方向），要求布局合理。

④ 根据图 3-10 在配电板上进行明线布线，要求：

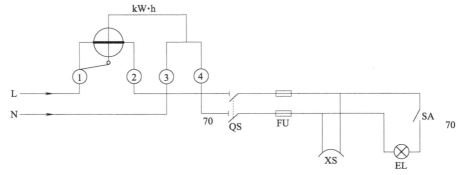

图 3-10　电气原理图

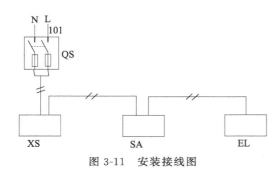

图 3-11　安装接线图

a. 板面导线必须横平、竖直尽可能避免交叉。

b. 几条线平行敷设时，应紧密，线与线之间不能有明显的空隙。

c. 护套线转弯成圆弧直角时，转弯圆度不能过小，以免损伤导线，转弯前后距转弯 30～50mm 处应各用一个线卡。

d. 导线最好不在线路上直接连接，可通过接线盒或借用其他电器的接线桩来连接线头。

e. 导线进入明线盒前 30～50mm 处应安装一个线卡，盒内应留出剖削 2～3 次的剖削长度。

f. 布线时，严禁损伤线芯和导线绝缘层。

⑤ 布线完工后，先检查导线布局的合理性，然后按电路要求将元器件面板装上，注意接点不得松动。

⑥ 通电前，必须先清理接线板上的工具、多余的器件以及断线头，以防造成短路和触电事故。然后对配电板线路的正确性进行全面的自检（用万用表电阻挡），以确保通电一次性成功。

⑦ 通电试车，将控制板的电源线接入电表箱各自电度表的出线端，征得指导老师同意，并有老师接通电源，和现场监护，方可通电。注意操作时的安全。

4. 技能评分

班级			姓　名	
开始时间			结束时间	
项目	配分	评　分　标　准　及　要　求		扣分
导线的剥制	20	①芯线无损伤； ②裸露芯线长度适中		
导线的连接	20	①接触良好,轻易拉不开； ②绝缘胶布包缠规范		
照明电路的布线	30	实现双控 20 分,接线工艺 10 分,单控正确 10 分		
照明电路的布局	10	布局合理,导线连接规范		

续表

班级				姓　名		
开始时间				结束时间		
项目	配分	评 分 标 准 及 要 求				扣 分
时间	10	考试时间 20min。规定最多可超时 5min		每超过 5min 扣 5 分		
安全、文明规范	10	操作现场不整洁、工具、器件摆放凌乱		每项扣 1 分		
		发生一般事故：如带电操作、考试中有大声喧哗等影响考试进度的行为等		每次扣 5 分		
		发生重大事故		本次总成绩以 0 分计		
备注	每一项最高扣分不应超过该项配分（除发生重大事故），最后总成绩不得超过 100 分			总 成 绩		
评价人				备注		

任务三　配电盘的安装

第一部分　教学要求

● 教学目标

知识目标：

① 知道电度表的图形符号、铭牌参数意义、计量单位和正确读法；

② 初步学会画照明电路配电板电路图。

技能目标：

① 在配电板上设计好施工电路图；

② 电度表进线与出线的安装；

③ 安装控制器、保护器、用电器。

● 任务所需设备、工具、材料

名称	型号或规格	单位	数量
常用电工工具	验电器、一字改锥、十字改锥、剥线钳等	套	10
万用表	MF-47	块	10
单相电度表	DD862-4	块	10
三相电度表	DTS237	只	10
闸刀开关		个	10
螺口灯头		个	10
螺口灯泡		个	10

第二部分　教学内容

知识链接

一、单相电能表

单相电能表是用于测量单相交流电用户电量，即测量电能的仪表。

1. 单相电能表的结构、工作原理及读数

（1）单相电能表的结构

图 3-12 是单相电能表的结构，主要由四部分组成：① 驱动元件，包括电流元件和电压元件；② 转动元件，即转盘；③ 制动元件即制动磁铁；④ 计数器。

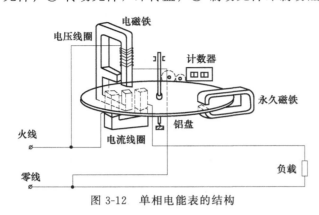

图 3-12 单相电能表的结构

（2）电能表的工作原理

电能表接入交流电源，并接通负载后，电压线圈接在交流电源两端，而电流线圈又流入交流电流，这两个线圈产生的交变磁场，穿过转盘，在转盘上产生涡流，涡流和交变磁场作用，产生转矩，驱使转盘转动。转盘转动后在制动磁铁的磁场作用下也产生涡流，该涡流与磁场作用产生与转盘转向相反的制动力矩，使转盘的转速与负载的功率大小成正比。转速用计数器显示出来，计数器累计的数字即为用户消耗的电能，并已转换为度数（kW·h）。

（3）电度表的读数

电度表面板最上方窗口显示电度表的五位数字，前面四位数是度数，第五位是在红色方框内显示，是小数。

（a）最大数是千位数；

（b）用户以前用电量为 1379.4 度。如果下月电度表窗口显示是 1427.3，两数相减，差则表示了该月用电量是 48 度电。小数不去计算。

2. 单相电能表的接线

单相电能表共有四个接线柱，从左到右按 1、2、3、4 编号。在低压小电流电路中，电度表可直接接在线路上，如图 3-13（a）所示。在低压大电流电路中，若线路负载电流超过电能表的量程，则需经电流互感器将电流变小，即将电度表间接连接到线路上，接线方法如图 3-13（b）所示。

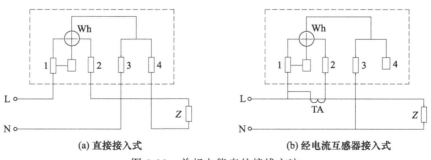

(a) 直接接入式　　　　　　　　　　(b) 经电流互感器接入式

图 3-13 单相电能表的接线方法

二、负荷开关

负荷开关是手动控制电器中最简单而使用较广泛的一种低压电器。它在电路中的作用是：隔离电源，分断负载，如不频繁接通与分断额定电流及以下的照明、电热及直接启动的

小容量电动机电路。它主要包括 HK 系列开启式负荷开关和 HH 系列封闭式负荷开关。

1. HK 系列开启式负荷开关（又称闸刀开关）

该系列负荷开关主要由瓷底板、瓷手柄、熔丝、胶盖及刀片、刀夹等组成，分双极和三极，额定电流有 10A、15A、30A、60A 四种，额定电压有 220V 和 380V。一般只能直接控制 5.5kW 以下的三相电动机或一般的照明线路。

闸刀开关使用应注意以下几点。

① 闸刀开关的额定电压必须与线路电压相适应。

② 对于电阻负载或照明负载，闸刀开关的额定电流大于负载的额定电流，对于电动机负载，闸刀开关的额定电流应大于负载额定电流的 3 倍。

③ 闸刀开关内所配熔体的额定电流不得大于该开关的额定电流。

④ 闸刀开关必须垂直安装，合闸时手柄向上。电源线应接在开关的静触点上，负载应接在动触点的出线端。

⑤ 更换熔丝时必须切断电源。

⑥ 分、合闸时动作要果断、迅速。

2. HH 系列封闭式负荷开关（又称铁壳开关）

铁壳开关主要由闸刀、熔断器、操作机构和钢板外壳等组成。铁壳开关内有速断弹簧和凸轮机构，使拉闸、合闸迅速。开关内还带有简单的灭弧装置，断流能力较强。铁盖上有机械联锁装置，能保证合闸时打不开盖，而打开盖时合不上闸，使得铁壳开关在使用中比较安全。它的额定电流在 15～200A 之间。铁壳开关的安装使用与闸刀开关类同，但其金属外壳应可靠接地。

三、配电板的安装

1. 配电板的安装

室外交流电源线通过进户装置进入室内，再通过量电和配电装置才能将电能送至用电设备。量电装置通常由进户总熔丝盒、电能表等组成。配电装置一般由控制开关、过载及短路保护电器等组成，容量较大的还装有隔离开关。如图 3-14 所示。

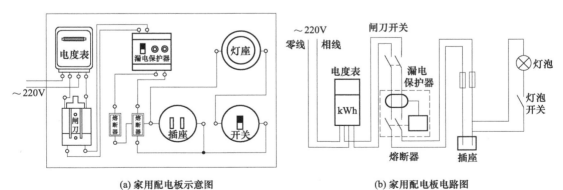

(a) 家用配电板示意图　　　(b) 家用配电板电路图

图 3-14　家用配电板

2. 安装配电板注意事项

① 正确选择电能表的容量。电能表的额定电压与用电器的额定电压相一致，负载的最大工作电流不得超过电能表的最大额定电流。

② 电能表总线必须采用铜芯塑料硬线，其最小截面不应小于 $1.5mm^2$，中间不准有接头，自总熔丝盒到电能表之间沿线敷设长度不宜超过 10m。

③ 电能表总线必须明线敷设或线管明敷，进入电能表时，一般以"左进右出"原则接成。

④ 电能表的安装必须垂直于地面。

⑤ 配电板应避免安装在易燃、高温、潮湿、震动或有灰尘的场所。配电板应安装牢固。

第三部分　技能操作

技能训练

1. 任务描述
学习安装简单的照明电路；练习使用试电笔。

2. 实训内容

实训任务单

项目名称	子项目	内容要求	备注
配电盘的安装	电度表的安装	学员按照人数分组训练： 1. 单相电度表的识别； 2. 单相电度表的安装。	
	配电盘的安装	学员按照人数分组训练： 依据照明电路图,进行配电盘的安装	
目标要求			
实训器材	尖嘴钳、螺丝刀(一字、十字)、试电笔、万用表、组合开关、按钮、电源插头、闸刀开关、螺口灯头、卡口灯头、螺口灯泡、卡口灯泡、拉线开关 2 个、细保险丝 2 条(不大于 0.5A)、镊子、活络扳手等		
其他			
项目组别	负责人	组员	

3. 实训步骤及工艺要求

3.1　电度表的安装

按照图 3-13 单相电度表的接线方法。

3.2　配电盘的安装

按照图 3-14 照明电路图（含配电板电路图）。

① 先把闸刀开关、吊线盒、拉线开关、圆木在五合板或木板的预定位置固定好。闸刀开关的安装，必须使向上推时为闭合，不可倒装。

② 把两条铝心导线平行架设，用瓷夹板将导线固定好；并按电路用铝心导线把闸刀开关、拉线开关和吊线盒接好，用花线把吊线盒跟灯头连接起来。拉线开关必须与火线串接，螺口灯头的螺旋套必须与地线连接。灯头和吊线盒接线时裸铜丝不能外露，以防短路。在闸刀开关的输入端用插头接线，接线时注意不要使接插头的两导线裸露部分相碰而发生短路。

③ 经检查无误后，在闸刀开关上接好保险丝，安上灯泡后将插头插入实验室插座内，将闸刀开关合上，拉动拉线开关，看灯泡是否发光。

④ 用试电笔测试你的开关是否接在火线上了，如果没有，可将插头调向。

⑤ 将插头取下，电路拆除。

【注意事项】

① 凡是导线接头处都必须用黑胶布把裸露的导线包扎好，不能用医用胶布代替黑胶布。因为医用胶布绝缘性能差，手触及时易发生危险。

② 选用保险丝的规格不应大于 0.5A。

③ 在拆除电路时，应首先将电源断开。严禁带电操作，以防触电。

④ 一个实验组内的学生应分工安装，有的安灯头，有的安闸刀，有的安开关，这样可节省时间。

4. 技能评分

班级			姓　名	
开始时间			结束时间	
项目	配分	评 分 标 准 及 要 求		扣 分
电度表的安装	20	是否按步骤进行拆卸，每处扣 5 分		
电路图的识读	20	是否认识电路图上的各种器件，错误每处扣 5 分		
配电盘的安装	40	依据电路图，正确安装配电盘上的各个器件，错误每处扣 5 分		
时间	10	考试时间 20min。规定最多可超时 5min	每超过 5min 扣 5 分	
安全、文明规范	10	操作现场不整洁、工具、器件摆放凌乱	每项扣 1 分	
		发生一般事故：如带电操作、考试中有大声喧哗等影响考试进度的行为等	每次扣 5 分	
		发生重大事故	本次总成绩以 0 分计	
备注	每一项最高扣分不应超过该项配分（除发生重大事故），最后总成绩不得超过 100 分		总 成 绩	
评价人			备注	

电机

任务一　三相异步电动机

第一部分　教学要求

● 教学目标

知识目标

① 掌握三相异步电动机的结构、工作原理、铭牌数据及拆装工艺；

② 掌握三相异步电动机的两种接线方式。

技能目标

① 熟练掌握三相异步电动机的拆装工艺；

② 能够用两种接线工艺对三相异步电动机进行通电工作。

● 任务所需设备、工具、材料

名称	型号或规格	单位	数量
常用电工工具	验电器、一字改锥、十字改锥、剥线钳等	套	1
万用表	MF-47	块	1
兆欧表	Zc25 型	个	1
钳形电流表	MG24	只	1
三相异步电动机	YS502/4	个	1

第二部分　教学内容

知识链接　三相异步电动机

一、三相异步电动机的分类

（1）按电动机结构尺寸分类

① 大型电动机指电动机机座中心高度大于 630mm，或者 16 号机座及以上，或定子铁芯外径大于 990mm 者，称为大型电动机。

② 中型电动机指电动机机座中心高度在 355～630mm 之间，或者 11～15 号机座，或定子铁芯外径在 560～990mm 之间者，称为中型电动机。

③ 小型电动机指电动机机座中心高度在 80～315mm，或者 10 号及以下机座，或定子铁芯外径在 125～560mm 之间者，称为小型电动机。

（2）按电动机转速分类

① 恒转速电动机有普通笼型、特殊笼型（深槽式、双笼式、高启动转矩式）和绕线型。

② 调速电动机有换向器的调速电动机。一般采用三相并励式的绕线转子电动机（转子控制电阻、转子控制励磁）。

③ 变速电动机有变极电动机、单绕组多速电动机、特殊笼型电动机和转差电动机等。

（3）按机械特性分类

① 普通笼型异步电动机适用于小容量、转差率变化小的恒速运行的场所，如鼓风机、离心泵、车床等低启动转矩和恒负载的场合。

② 深槽笼型适用于中等容量、启动转矩比井通笼型异步电动机稍大的场所。

③ 双笼型异步电动机适用于中、大型笼型转子电动机，启动转矩较大，但最大转矩稍小。适用于传送带、压缩机、粉碎机、搅拌机、往复泵等需要启动转矩较大的恒速负载上。

④ 特殊双笼型异步电动机采用高阻抗导体材料制成。特点是启动转矩大、最大转矩小、转差率较大，可实现转速调节。适用于冲床、切断机等设备。

⑤ 绕线转子异步电动机适用于启动转矩大、启动电流小的场所，如传送带、压缩机、压延机等设备。

（4）按电动机防护形式分类

① 开启式电动机除必要的支承结构外，对于转动及带电部分没有专门的保护。

② 防护式电动机内转动和带电部分有必要的机械保护，但不明显地妨碍通风。按其通风口防护结构不同。有下列三种：网罩式、防滴式、防溅式。可以防止一定方向内的水滴、水浆等落入电机内部，虽然它的散热条件比开启式差，但是在实际的生产应用中比较广泛。

③ 封闭式电动机机壳结构能够阻止壳内外空气自由交换，但并不要求完全密封。

④ 防水式电动机机壳结构能够阻止具有一定压力的水进入电动机内部。

⑤ 当水密式电动机浸没在水中时，电动机机壳的结构能够阻止水进入电动机内部。

⑥ 潜水式电动机在规定的水压下，能长期在水中运行。

⑦ 隔爆式电动机机壳的结构能阻止电动机内部的气体爆炸传递到电动机外部，而引起电动机外部的燃烧性气体的爆炸。

（5）按电动机使用环境分类

可分为普通型、湿热型、干热型、船用型、化工型、高原型和户外型。

二、三相异步电动机的结构

三相异步电动机的种类很多，但各类三相异步电动机的基本结构是相同的，它们都由定子和转子这两大基本部分组成，在定子和转子之间具有一定的气隙。此外，还有端盖、轴承、接线盒、吊环等其他附件，如图 4-1 所示。

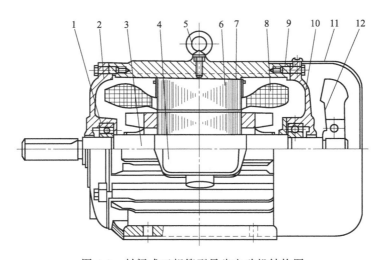

图 4-1 封闭式三相笼型异步电动机结构图

1—轴承；2—前端盖；3—转轴；4—接线盒；5—吊环；6—定子铁芯；
7—转子；8—定子绕组；9—机座；10—后端盖；11—风罩；12—风扇

1. 定子部分

定子是用来产生旋转磁场的。三相电动机的定子一般由外壳、定子铁芯、定子绕组等部分组成。

（1）外壳

三相电动机外壳包括机座、端盖、轴承盖、接线盒及吊环等部件。

机座：铸铁或铸钢浇铸成型，它的作用是保护和固定三相电动机的定子绕组。中、小型三相电动机的机座还有两个端盖支承着转子，它是三相电动机机械结构的重要组成部分。通常，机座的外表要求散热性能好，所以一般都铸有散热片。

端盖：用铸铁或铸钢浇铸成型，它的作用是把转子固定在定子内腔中心，使转子能够在定子中均匀地旋转。

轴承盖：也是铸铁或铸钢浇铸成型的，它的作用是固定转子，使转子不能轴向移动，另外起存放润滑油和保护轴承的作用。

接线盒：一般是用铸铁浇铸，其作用是保护和固定绕组的引出线端子。

吊环：一般是用铸钢制造，安装在机座的上端，用来起吊、搬抬三相电动机。

（2）定子铁芯

异步电动机定子铁芯是电动机磁路的一部分，由 0.35～0.5mm 厚表面涂有绝缘漆的薄硅钢片叠压而成，如图 4-2 所示。由于硅钢片较薄而且片与片之间是绝缘的，所以减少了由于交变磁通通过而引起的铁芯涡流损耗。铁芯内圆有均匀分布的槽口，用来嵌放定子绕圈。

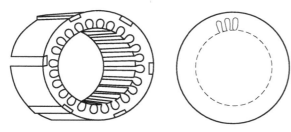

(a) 定子铁芯　　　　(b) 定子冲片

图 4-2 定子铁芯及冲片示意图

（3）定子绕组

定子绕组是三相电动机的电路部分，三相电动机有三相绕组，通入三相对称电流时，就会产生旋转磁场。三相绕组由三个彼此独立的绕组组成，且每个绕组又由若干线圈连接而成。每个绕组即为一相，每个绕组在空间相差120°电角度。线圈由绝缘铜导线或绝缘铝导线绕制。中、小型三相电动机多采用圆漆包线，大、中型三相电动机的定子线圈则用较大截面的绝缘扁铜线或扁铝线绕制后，再按一定规律嵌入定子铁芯槽内。定子三相绕组的六个出线端都引至接线盒上，首端分别标为 U_1，V_1，W_1，末端分别标为 U_2，V_2，W_2。这六个出线端在接线盒里的排列如图 4-3 所示，可以接成星形或三角形。

2. 转子部分

（1）转子铁芯

是用 0.5mm 厚的硅钢片叠压而成，套在转轴上，作用和定子铁芯相同，一方面作为电动机磁路的一部分，一方面用来安放转子绕组。

（2）转子绕组

异步电动机的转子绕组分为绕线形与笼形两种，由此分为绕线转子异步电动机与笼形异步电动机。

① 绕线形绕组。与定子绕组一样也是一个三相绕组，一般接成星形，三相引出线分别接到转轴上的三个与转轴绝缘的集电环上，通过电刷装置与外电路相连，这就有可能在转子电路中串接电阻或电动势以改善电动机的运行性能，如图 4-3 所示。

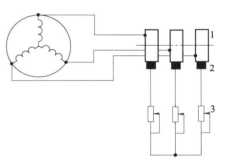

图 4-3　绕线形转子与外加变阻器的连接
1—集电环；2—电刷；3—变阻器

② 笼形绕组。在转子铁心的每一个槽中插入一根铜条，在铜条两端各用一个铜环（称为端环）把导条连接起来，称为铜排转子，如图 4-4（a）所示。也可用铸铝的方法，把转子导条和端环风扇叶片用铝液一次浇铸而成，称为铸铝转子，如图 4-4（b）所示。100kW 以下的异步电动机一般采用铸铝转子。

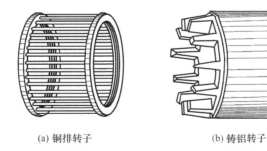

(a) 铜排转子　　　　　　(b) 铸铝转子

图 4-4　笼形转子绕组

3. 其他部分

其他部分包括端盖、风扇等。端盖除了起防护作用外，在端盖上还装有轴承，用以支撑转子轴。风扇则用来通风冷却电动机。三相异步电动机的定子与转子之间的空气隙，一般仅为 0.2～1.5mm。气隙太大，电动机运行时的功率因数降低；气隙太小，使装配困难，运行不可靠，高次谐波磁场增强，从而使附加损耗增加以及使启动性能变差。

三、三相异步电动机的工作原理

三相异步电动机的定子中的三个对称绕组通入对称三相交流电，就产生一个旋转磁场，旋转磁场按 $n_1=60f/p$ 旋转（f 为交流电的频率，p 为磁极对数），在转子绕组或鼠笼条产生感应电动势和感应电流，进而转子绕组或鼠笼条受到电磁力的作用，电磁力产生电磁转矩，转子在电磁转矩的作用下以 $n=(1-s)n_1$ 的转速转动起来；电动机的转向与旋转磁场的方向相同，任意对调两相电源线，就可改变电动机的转向。

1. 旋转磁场的形成、转速和方向

下面以两极电动机说明旋转磁场的形成。设输入三相电流为：

$$i_1=i_U=I_m\sin\omega t$$
$$i_2=i_V=I_m\sin(\omega t-120°)$$
$$i_3=i_W=I_m\sin(\omega t+120°)$$

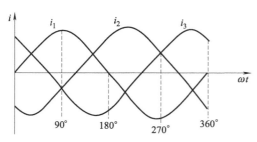

则三相电流的波形图如图 4-5，三相交流电在不同时刻产生的合成磁场的方向如图 4-6 所示。

从图 4-6 可见，对于一对极旋转磁场来说，电流变化一周，磁场旋转一周。若交流电的频率为 f，两极旋转磁场的转速为 n_1（r/min），则 $n_1=60f$。旋转磁场的转速 n_1 称为同步转速。

对于 p 对磁极电机，电流变化一周，磁场

图 4-5　定子绕组中三相交流电的波形

旋转只转过 $1/p$ 周，故 $n_1=60f/p$。

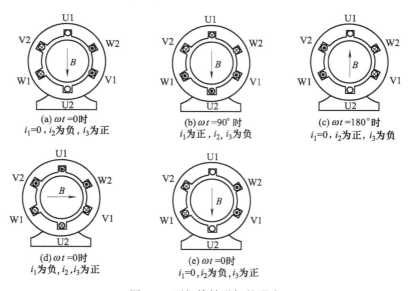

(a) $\omega t=0$ 时
$i_1=0$，i_2 为负，i_3 为正

(b) $\omega t=90°$ 时
i_1 为正，i_2，i_3 为负

(c) $\omega t=180°$ 时
$i_1=0$，i_2 为正，i_3 为负

(d) $\omega t=0$ 时
i_1 为负，i_2，i_3 为正

(e) $\omega t=0$ 时
$i_1=0$，i_2 为负，i_3 为正

图 4-6　两极旋转磁场的形成

所以，旋转磁场的转速 n_1 与电流的频率 f 成正比，与电机的磁极对数成反比，即

$$n_1=60f/p$$

式中　n_1——旋转磁场的转速，也叫同步转速，r/min；

f——三相交流电的频率 f，Hz；

p——旋转磁场的磁极对数。

综上所述，周期性变化交流电产生周期性变化的磁场，三相异步电动机的对称三相绕组通入对称三相交流电，就在对称三相绕组中建立一个旋转的合成磁场。对于 p 对磁极的电机，旋转磁场按 $n_1=60f/p$（f 为交流电频率，p 为旋转磁极对数）的转速旋转，其方向就是三相交流电的正序方向。任意对调两相电源线，旋转磁场即转向。

2. 转子的转动原理

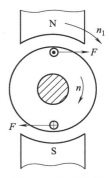

图 4-7 为三相异步电动机转子的转动原理图。旋转磁场以同步转速顺 n_1 时针旋转，相当于磁场不动，转子逆时针切割磁力线，产生感应电流，用右手定则判定，转子半部分的感应电流流入纸面。有电流的转子在磁场中受到电磁力的作用，用左手定则判定，上半部分所受磁场力向右，下半部分所受磁场力向左，这两个力对转子转轴形成电磁转矩，使转子沿旋转磁场的方向以转速 n 旋转。任意对调两相电源线，旋转磁场即转向，就可改变电动机的转向。

图 4-7　笼型转子
转动原理

3. 三相交流异步电动机转差率 s

电动机总是以低于旋转磁场的转速转动。即 $n<n_1$，异步电动机的同步转率 n_1 与转子转速 n 之差，即 n_1-n 称为三相交流异步电动机的转速差。转速差（n_1-n）与 n_1 之比称为异步电动机的转差率，用 s 表示。

$$s=\frac{n_1-n}{n_1} \quad 或 \quad n=(1-s)n_1$$

转差率是异步电动机的一个重要参数，电动机的转速、转矩等参数都与它有关。

四、三相异步电动机的铭牌识读及参数含义

三相异步电动机					
型号	Y132M-4	功率	7.5kW	频率	50Hz
电压	380V	电流	15.4A	接法	△
转速	1440r/min	绝缘等级	B	工作方式	连续
年　　月　　日		编号		××电机厂	

（1）型号：Y132M-4

Y——系列代号　　　　　　　　　　132——机座中心高（mm）

M——机座长度代号（S：短，L：长）　　4——磁极数（不是磁极对数）

（2）额定电压 U_N

额定运行时定子绕组上应加的线电压它与定子绕组连接方式有对应关系。

一般为 380V，$P_N \leqslant 3kW$ 时为星形联接，$P_N \geqslant 4kW$ 时为三角形联接。

若 U_N 为 380V/660V，连接方式为△/Y，这表示：电源电压为 380V 时，定子绕组为三角形联接；电源电压为 660V 时星形联接

（3）额定电流 I_N

额定运行时定子绕组上应加的线电流；当实际电流等于额定电流时，电动机的工作状态称为满载

（4）功率和效率

额定功率 P_N：额定运行时轴上输出的机械功率

$$输入功率＝输出功率＋功率损耗$$

额定效率 η_N：输出功率与输入功率的百分比

（5）额定功率因数 λ_N

$$\lambda_N＝\cos\phi_N$$

电动机为电感性负载，三相异步电动机功率因数较低，应选择合适的容量，防"大马拉小车"。

（6）绝缘等级

它是按电动机绕组所用的绝缘材料在使用时容许的极限温度来分级的极限温度：电动机绝缘结构中最热点的最高容许温度。

分三级：A 极——105°，E 极——120°，B 极——130°。

（7）接法

电压：380V，接法△——表明每相定子绕组的额定电压是 380V，当电源线电压为 380V 时，定子绕组应接成△。

电压：380V/220V，接法 Y/△——表明每相定子绕组的额定电压是 220V，当电源线电压为 380V 时，定子绕组应接成 Y，当电源线电压为 220V 时，定子绕组应接成△。

（8）工作方式

运行状态分为：连续、短时、断续

（9）额定频率 f_N

额定状态运行下定子绕组所加的交流电压的频率。

（10）额定转速 n_N：

额定转速略小于同步转速。

五、三相异步电动机的接线

（1）Y 型接线

定义：将三相定子绕组的三个头（U_1、V_1、W_1）或三个尾（U_2、V_2、W_2）连接在一

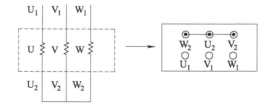

(a) 尾相接

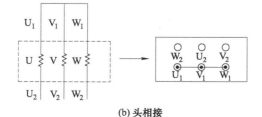

(b) 头相接

图 4-8　Y 型接线

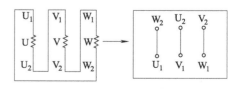

(a) 头与另一相尾相连

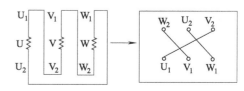

(b) 每一相的尾与另一相的头连接

图 4-9　△型接线

起，这种连接方式叫做 Y 型接线，如图 4-8 所示。

（2）△型接线

定义：将三相定子绕组的头和另一相的尾顺次连接或者把每一相的尾与另一相的头连接，如图 4-9 所示。

第三部分 技能操作

技能训练 三相异步电动机的拆装与检修

1. 任务描述

现有一小型三相笼型异步电动机，对其进行拆分与重装。具体任务如下：

① 按照实训步骤对三相笼型异步电动机进行拆装、检查，并在装配后通电试验。

② 对装配好的三相异步电动机定子绕组，用 36V 交流电源法和剩磁感应法判别出定子绕组的首尾端。

2. 实训内容

实训任务单

项目名称	子项目	内容要求	备注
三相异步电动机的拆装与检修	三相异步电动机的拆装	学员按照人数分组训练： 1. 三相异步电动机的识别。 2. 交流接触器的拆装。	
	三相异步电动机的检修	学员按照人数分组训练： 三相异步电动机的检修	
目标要求			
实训器材	三相异步电动机、尖嘴钳、螺丝刀（一字、十字）、试电笔、万用表、组合开关、按钮、交流接触器、热继电器、镊子、活络扳手等		
其他			
项目组别		负责人		组员		

3. 实训步骤及工艺要求

（1）电动机拆卸前的准备

① 办理工作票。

② 准备好拆卸工具，特别是拆卸对轮的拉马、套筒等专用工具。

③ 布置检修现场。

④ 了解待拆电动机结构及故障情况。

⑤ 拆卸时作好相关标记。标出电源线在接线盒中的相序，并三相短路接地；标出机座在基础上的位置，整理并记录好机座垫片；拆卸端盖、轴承、轴承盖时，记录好哪些属负荷端，哪些在非负荷端。

⑥ 拆除电源线和保护接地线，测定并记录绕组对地绝缘电阻。

⑦ 把电动机拆离基础，运至检修现场。

（2）中小型异步电动机的拆卸步骤（见图 4-10）

电动机的拆卸步骤如下。

① 对轮的拆卸。对轮（联轴器）常采用专用工具——拉马来拆卸。拆卸前，标出对轮

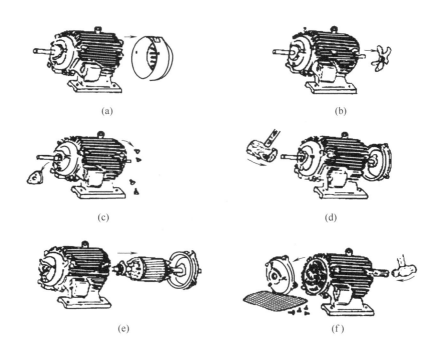

(a)　　　　　　　　　　　　　　　　(b)

(c)　　　　　　　　　　　　　　　　(d)

(e)　　　　　　　　　　　　　　　　(f)

图 4-10　中小型异步电动机的拆卸步骤

正、反面，记下在轴上的位置，作为安装时的依据。拆掉对轮上止动螺钉和销子后，用拉马钩住对轮边缘，搬动丝杠，把它慢慢拉下，如图 4-10 所示。操作时，拉钩要钩得对称，钩子受力一致，使主螺杆与转轴中心重合。旋动螺杆时，注意保持两臂平衡，均匀用力。若拆卸困难，可用木锤敲击对轮外圆和丝杆顶端。如果仍然拉不出来，可将对轮外表快速加热（温度控制在 200℃ 以下），在对轮受热膨胀而轴承尚未热透时，将对轮拉出来。加热时可用喷灯或火焊，但温度不能过高，时间不能过长，以免造成对轮过火，或轴头弯曲。

注意：切忌硬拉或用铁锤敲打。

② 端盖的拆卸。拆卸端盖前应先检查紧固件是否齐全，端盖是否有损伤，并在端盖与机座接合处作好对正记号，接着拧下前、后轴承盖螺丝，取下轴承外盖。再卸下前、后端盖紧固螺丝，如系大、中型电动机，可用端盖上的顶丝均匀加力，将端盖从机座止口中顶出。没有顶丝孔的端盖，可用撬棍或螺丝刀在周围接缝中均匀加力，将端盖撬出止口，如图 4-11 所示。

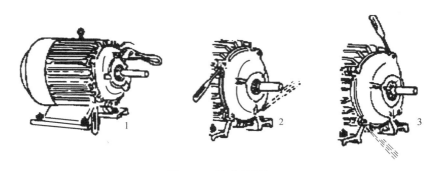

图 4-11　端盖的拆卸

③ 抽出转子。在抽出转子前，应在转子下面气隙和绕组端部垫上厚纸板，以免抽出转子时碰伤铁芯和绕组，对于30kg以内的转子，可以直接用手抽出。较大的电机，可使用一端安装假轴，另一端使用吊车起吊的方法，应注意保护轴颈、定子绕组和转子铁芯风道。

④ 轴承拆卸。常用方法，一种是用拉马直接拆卸，方法按拆卸对轮的方法进行拆卸。

第二种方法是加热法，使用火焊直接加热轴承内套。操作过程中应使用石棉板将轴承与电机定子绕组隔开防止，着火烧伤线圈；二是必须先将轴承内润滑脂清理干净，防止着火。

测量

① 轴承室内径测量，参考标准 Q/GHSZ·GZ（SB·DQ）-003-2008 检修文件包。

② 轴承室外径测量，参考标准 Q/GHSZ·GZ（SB·DQ）-003-2008 检修文件包。

（3）电动机的装配

轴承安装前工作

① 装配应先检查轴承滚动件是否转动灵活，转动时有无异音、表面有无锈迹。

② 应将轴承内防锈油清洗干净，并防止无异物遗留轴承内。

轴承的安装

① 轴颈在50以下的轴承可以使用直接安装方法，如使用紫铜棒敲击轴承内套将轴承砸入，或使用专用的安装工具。

② 轴颈在50以上可以使用加热法，包括专业的轴承加热器或电烤箱等，但温度必须控制在120℃以下，防止轴承过火。

③ 轴承安装完毕后必须检查是否安装到位，且不能立即转动轴承，防止将滚珠磨坏。

后端盖的装配（见图4-12）

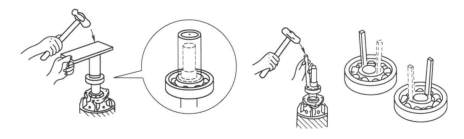

图4-12 后端盖的装配

① 按拆卸前所作的记号，转轴短的一端是后端。后端盖的突耳外沿有固定风叶外罩的螺丝孔。装配时将转子竖直放置，将后端盖轴承座孔对准轴承外圈套上，然后一边使端盖沿轴转动，一边用木榔头敲打端盖的中央部分，如图4-12所示。如果用铁锤，被敲打面必须垫上木板，直到端盖到位为止，然后套上后轴承外盖，旋紧轴承盖紧固螺钉。

② 按拆卸所作的标记，将转子放入定子内腔中，合上后端盖。按对角交替的顺序拧紧后端盖紧固螺钉。注意边拧螺钉，边用木榔头在端盖靠近中央部分均匀敲打，直至到位。

前端盖的装配

将前轴内盖与前轴承按规定加好润滑油，参照后端盖的装配方法将前端盖装配到位。装

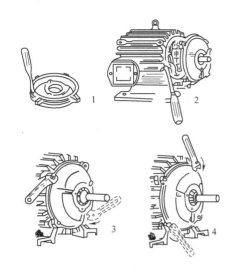

图 4-13　前端盖的装配

配时先用螺丝刀清除机座和端盖止口上的杂物，然后装入端盖，按对角顺序上紧螺栓，具体步骤如图 4-13 所示。

（4）三相异步电动机定子绕组首尾端的判别

三相定子绕组重绕以后或将三相定子绕组的连接片拆开以后，此时定子绕组的六个出线头往往不易分清，则首先必须正确判定三相绕组的六个出线头的首末端，才能将电动机正确接线并投入运行。

对装配好的三相异步电动机定子绕组，用 36V 交流电源法和剩磁感应法判别出定子绕组的首尾端。

36V 交流电源法判别绕组首尾端。

① 用万用表欧姆挡（R×10 或 R×1）分别找出电动机三相绕组的两个线头，做好标记。

② 先给三相绕组的线头做假设编号 U1、U2；V1、V2；W1、W2，并把 V1、U2 按图连接起来，构成两相绕组串联。

③ 将 U1、V2 线头上接万用表交流电压挡。

④ 在 W1、W2 上接 36V 交流电源，如果电压表有读数，说明线头 U1、U2 和 V1、V2 的编号正确。如果无读数，则把 U1、U2 或 V1、V2 中任意两个线头的编号对调一下即可。

⑤ 再按上述方法对 W1、W2 两个线头进行判别。

用剩磁感应法判别绕组首尾端。

① 用万用表欧姆挡分别找出电动机三相绕组的两个线头，做好标记。

② 先给三相绕组的线头做假设编号 U1、U2；V1、V2；W1、W2。

③ 按图接线，用手转动电动机转子。由于电动机定子及转子铁芯中通常均有少量的剩磁，当磁场变化时，在三相定子绕组中将有微弱的感应电动势产生。此时若并接在绕组两端的微安表（或万用表微安挡）指针不动，则说明假设的编号是正确的；若指针有偏转，说明其中有一相绕组的首尾端假设标号不对。应逐一相对调重测，直至正确为止。

（5）电动机大修时检查项目

① 检查电动机各部件有无机械损伤，若有则应作相应修复。

② 对解体的电动机，将所有油泥、污垢进行清理干净。

③ 检查定子绕组表面是否变色，漆皮是否裂纹、绑线垫块是否松动。

④ 检查定、转子铁芯有无磨损和变形，通风道有无异物，槽楔有无松动或损坏。

⑤ 检查转子短路环、风扇有无变形、松动裂纹。

⑥ 使用外径千分尺和内径千分尺分别测量轴承室内径、轴颈，对比文件包内标准是否合格。

在进行以上各项修理、检查后，对电动机进行装配、安装，调整各部间隙，按规定进行检查和试车。

4. 技能评分

班　级				姓　名		
开始时间				结束时间		
项目	配分	评 分 标 准 及 要 求				扣分
电动机的拆卸	20	是否按步骤进行拆卸，每处扣5分				
电动机的重装	10	是否按步骤进行重装，每处扣5分				
电动机的测试	20	能正确使用万用表、兆欧表、转速表、钳形电流表。是否了解各表的使用注意事项。会测量定子绕组的绝缘电阻，是否会用转速表测量电动机的转速，每处扣5分				
通电试车及故障排除	20	能够排除线路出现的常见故障，根据电动机的铭牌标示检查电源电压接线是否正确，并在电动机外壳上安装好接地线，用钳形电流表分别检测三相电流是否平衡，每处扣5分				
定子绕组首尾端的判别	10	必须正确判定三相绕组的六个出线头的首末端，才能将电动机正确接线，并投入运行，每处扣5分				
时间	10	考试时间20min。规定最多可超时5min		每超过5min扣5分		
安全、文明规范	10	操作现场不整洁、工具、器件摆放凌乱		每项扣1分		
		发生一般事故：如带电操作、考试中有大声喧哗等影响考试进度的行为等		每次扣5分		
		发生重大事故		本次总成绩以0分计		
备注	每一项最高扣分不应超过该项配分（除发生重大事故），最后总成绩不得超过100分			总　成　绩		
评价人				备注		

任务二　变　压　器

第一部分　教学要求

● 教学目标

知识目标：

① 掌握变压器的结构、工作原理；

② 了解变压器的分类情况；

③ 了解变压器的空载及负载运行情况。

技能目标：

了解变压器的空载及负载运行试验。

● 任务所需设备、工具、材料

名称	型号或规格	单位	数量
常用电工工具	验电器、一字改锥、十字改锥、剥线钳等	套	1
万用表	MF-47	块	1
兆欧表	Zc25 型	个	1
钳形电流表	MG24	只	1
变压器			

第二部分 教学内容

知识链接 变压器的工作原理、分类及结构

1. 电力变压器概述

变压器是一种把电压和电流转变成另一种（或几种）不同电压电流的电气设备，是电力工业中非常重要的组成部分，在发电、输电、配电、电能转换等各个环节都起着重要的作用。变压器主要包括运行在主干电网的输电变压器和运行在终端的配电变压器两大部分。目前，变压器产品按电压分为特高压变压器、220～500kV 变压器、110～220kV 变压器以及小于 110kV 的变压器。

2. 电力变压器种类

2.1 配电变压器

我国中小型配电变压器最初是以绝缘油为绝缘介质发展起来的；进入 20 世纪 90 年代，干式变压器在我国才有了很快的发展。

图 4-14 油浸式配电变压器

（1）油浸式配电变压器

如图 4-14 所示，为了使变压器的运行更加完全、可靠，维护更加简单，更广泛地满足用户的需要，近年来油浸式变压器采用了密封结构，使变压器油和周围空气完全隔绝，从而提高了变压器的可靠性。目前，主要密封形式有空气密封型、充氮密封型和全充油密封型。其中全充油密封型变压器的市场占有率越来越高，它在绝缘油体积发生变化时，由波纹油箱壁或膨胀式散热器的弹性变形做补偿。

（2）干式变压器

干式变压器由于结构简单、维护方便，又有防火、难燃等特点，我国从 20 世纪 50 年代末即已开始生产，但近 10 来年才开始大批量生产。干式变压器种类很多，主要有浸渍绝缘干式变压器和环氧树脂绝缘干式变压器两类，如图 4-15 和图 4-16 所示。

2.2 箱式变压器

箱式变压器具有占地少，能伸入负荷中心，减少线路损耗，提高供电质量，选位灵活，外形美观等特点，目前在城市 10kV、35kV 电网中大量应用。有些厂家，已将卷铁芯变压

器移至到箱式变压器中，使箱式变压器体积和质量都有所减小，实现了高效、节能和低噪声级，如图 4-17。

图 4-15 浸渍绝缘干式变压器

图 4-16 环氧树脂绝缘干式变压器

图 4-17 箱式变压器

图 4-18 高压、超高压电力变压器

2.3 高压、超高压电力变压器（见图 4-18）

目前，我国已具备了 110kV、220kV、330kV 和 500kV 高压、超高压变压器生产能力。

3. 结构

3.1 铁芯

如图 4-19，分铁芯柱、磁轭两部分。

材料：0.35mm 的冷轧有取向硅钢片，如：DQ320，DQ289，Z10，Z11 等。

工艺：裁减、截短、去角、叠片、固定。

3.2 绕组

分同心式和交叠式两大类。

交叠式如图 4-20。

同心式包括圆筒式、连续式、螺旋式等，见图 4-19。

材料：铜（铝）漆包线，扁线。

工艺：绕线包、套线包。

3.3 其他部分

油箱（油浸式）、套管、分接开关等。

3.4 额定值

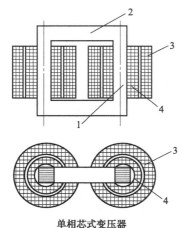

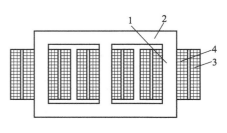

三相芯式变压器

1—铁芯柱；2—铁轭；

3—高压线圈；4—低压线圈

单相芯式变压器

1—铁芯柱；2—铁轭；

3—高压线圈；4—低压线圈

图 4-19　变压器结构

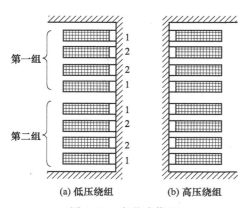

图 4-20　交叠式绕组

总结：熟悉变压器额定值的规定。

4. 变压器的工作原理

按照图 4-21 规定变压器各物理量的参考方向，有

$$e_1 = -N_1 \frac{\mathrm{d}\phi}{\mathrm{d}t}, e_2 = -N_2 \frac{\mathrm{d}\phi}{\mathrm{d}t}$$

定义变比

$$k = \frac{E_1}{E_2} = \frac{N_1}{N_2}$$

额定容量 S_N

额定电压 U_{1N}、U_{2N}

额定电流 I_{1N}、I_{2N}

对于单相变压器，有 $S_N = U_{1N} I_{1N} = U_{2N} I_{2N}$

对于三相变压器，有 $S_N = \sqrt{3} U_{1N} I_{1N} = \sqrt{3} U_{2N} I_{2N}$

注意一点：变压器的二次绕组的额定电压是指一次绕组接额定电压的电源，二次绕组开路时的线电压。

[讨论题] 一台三相电力变压器，额定容量 1600kV·A，额定电压 10kV/6.3kV，Y，d 接法，求一次绕组和二次绕组的额定电流和相电流。

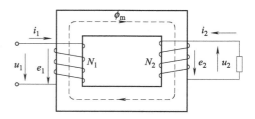

图 4-21　变压器的工作原理图

工作原理如下：

① 变压器正常工作时，一次绕组吸收电能，二次绕组释放电能；

② 变压器正常工作时，两侧绕组电压之比近似等于它们的匝数之比；

③ 变压器带较大的负载运行时，两侧绕组的电流之比近似等于它们匝数的反比；

④ 变压器带较大的负载运行时，两侧绕组所产生的磁通，在铁心中的方向相反。

第三部分 技能操作

技能训练 变压器的空载试验和短路试验

1. 任务描述

变压器的损耗是变压器的重要性能参数，一方面表示变压器在运行过程中的效率，另一方面表明变压器设计制造的性能是否满足要求。变压器空载损耗和空载电流测量、负载损耗和短路阻抗测量都是变压器的例行试验。

2. 实训内容

实训任务单

项目名称	子项目	内容要求	备注
变压器的空载试验和短路试验	变压器空载试验	学员按照人数分组训练： 1. 变压器的识别。 2. 空载试验数据的测量。	
	变压器短路试验	学员按照人数分组训练： 短路试验数据的测量	
目标要求			
实训器材	变压器、尖嘴钳、螺丝刀（一字、十字）、试电笔、万用表		
其他			
项目组别	负责人	组员	

3. 实训步骤及工艺要求

（1）变压器的空载试验

变压器的空载试验就是从变压器任一组线圈施加额定电压，其他线圈开路的情况下，测量变压器的空载损耗和空载电流。空载电流用它与额定电流的百分数表示，即：

$$I_0\% = (I_0/I_N) \times 100$$

进行空载试验的目的是：测量变压器的空载损耗和空载电流；验证变压器铁芯的设计计算、工艺制造是否满足技术条件和标准的要求；检查变压器铁芯是否存在缺陷，如局部过热、局部绝缘不良等。

变压器的短路试验就是将变压器的一组线圈短路，在另一线圈加上额定频率的交流电压使变压器线圈内的电流为额定值，此时所测得的损耗为短路损耗，所加的电压为短路电压，短路电压是以被加电压线圈的额定电压百分数表示的：

$$u_K\% = (U_K/U_N) \times 100$$

此时求得的阻抗为短路阻抗，同样以被加压线圈的额定阻抗百分数表示：

$$Z_K\% = (Z_K/Z_N) \times 100$$

变压器的短路电压百分数和短路阻抗百分数是相等的，并且其有功分量和无功分量也对应相等。

进行负载试验的目的是：计算和确定变压器有无可能与其他变压器并联运行；计算和试验变压器短路时的热稳定和动稳定；计算变压器的效率；计算变压器二次侧电压由于负载改变而产生的变化。

（2）变压器空载和负载试验的接线和试验方法

对于单相变压器，可采用图 4-22 所示的接线进行空载试验。对于三相变压器，可采用图 4-23 和图 4-24 所示的两瓦特表法进行空载试验。图 4-23 为直接测量法，适用于额定电压和电流较小，用电压表和电流表即可直接进行测量的变压器。当变压器额定电压和电流较大时，必须借助电压互感器和电流互感器进行间接测量，此时采用图 4-24 接线方式。

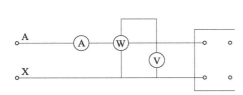

图 4-22　单相变压器空载试验接线

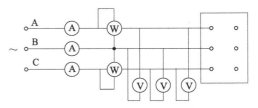

图 4-23　三相变压器空载试验的直接测量

空载试验时，在变压器的一侧（可根据试验条件而定）施加额定电压，其余各绕组开路。

短路试验的接线方式和空载试验的接线基本相似，所不同的是要将非加压的线圈三相短接而不是开路。对于三线圈的变压器，每次试一对线圈（共试三次），非被试线圈应为开路。

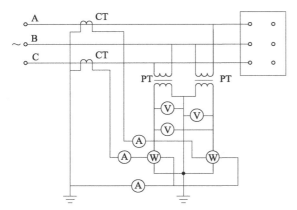

图 4-24　三相变压器空载试验的间接测量

短路试验时，在变压器的一侧施加工频交流电压，调整施加电压，使线圈中的电流等于额定值；有时由于现场条件的限制，也可以在较低电流下进行试验，但不应低于 $I_N/4$。

（3）试验要求和注意事项

① 试验电压一般应为额定频率、正弦波形，并使用一定准确等级的仪表和互感器。如果施加电压的线圈有分接，则应在额定分接位置。

② 试验中所有接入系统的一次设备都要按要求试验合格，设备外壳和二次回路应可靠接地，与试验有关的保护应投入，保护的动作电流与时间要进行校核。

③ 三相变压器，当试验用电源有足够容量，在试验过程中保持电压稳定。并为实际上的三相对称正弦波形时，其电流和电压的数值，应以三相仪表的平均值为准。

④ 联结短路用的导线必须有足够的截面，并尽可能的短，连接处接触良好。

（4）试验结果的计算

① 空载试验结果的计算

三相变压器用上述三瓦特表法测量时，其空载电流和空载损耗可按下式进行计算：

$$I_0 = (K_{IA}I'_{OA} + K_{IB}I'_{OB} + K_{IC}I'_{OC})/3$$

$$U' = (K_{VAB}U'_{AB} + K_{VBC}U'_{BC} + K_{VCA}U'_{CA})/3$$

$$I_0\% = \left(\frac{U_N}{U'}\right)^{n_1}\frac{I_0}{I_N} \times 100$$

$$P_0 = \left(\frac{U_N}{U'}\right)^{n_2} (P'_1 + P'_2) K_I K_v K_w$$

式中，K_{IA}、K_{IB}、K_{IC} 分别为 CT 的变比；K_{VAB}、K_{VBC}、K_{VCA} 分别为 PT 的变比；I'_{OA}、I'_{OB}、I'_{OC} 分别为三相空载电流的实测值；U'_{AB}、U'_{BC}、U'_{CA} 分别为三相施加试验电压；I_0 为空载电流实测平均值；U' 为试验施加线电压平均值；U_N、I_N 分别为被试线圈额定线电压和额定电流；K_I、K_v、K_w 分别为电流、电压、瓦特表本身的倍数；P'_1、P'_2 分别为两个瓦特表测得的损耗功率；$I_0\%$ 为算得的空载电流百分数；P_0 为算得的空载损耗；n_1、n_2 为幂次，决定于磁路硅钢片的种类，可从专门的表格中查出。

② 短路试验结果的计算

三相变压器用上述三瓦特表法测量时，其负载损耗和短路电压可按下式进行计算：

$$I'_K = (I'_{KA} K_{IA} + I'_{KB} K_{IB} + I'_{KC} K_{IC})/3$$
$$P'_K = |(P'_{KA} K_{IA} K_{VAB} K_{wA} - P'_{KC} K_{IC} K_{VBC} K_{wC})|$$
$$U'_K = (K_{VAB} U'_{KAB} + K_{VBC} U'_{KBC} + K_{VCA} U'_{KCA})/3$$
$$u_K\% = \frac{U'_K}{U_N} \frac{I_N}{I'_K} \times 100$$

式中，I'_{KA}、I'_{KB}、I'_{KC} 分别为三相短路电流实测值；K_{IA}、K_{IB}、K_{IC} 分别为三相 CT 的变流比；P'_{KA}、P'_{KC} 分别为反映 A 和 C 相电流测得的损耗功率；K_{VAB}、K_{VBC}、K_{VCA} 分别为 AB、BC 和 CA 的 PT 变比；K_{wA}、K_{wC} 分别为瓦特表本身的倍数。

4. 技能评分

班级		姓名		
开始时间		结束时间		
项目	配分	评 分 标 准 及 要 求		扣分
万用表的正确使用	20	是否正确使用万用表，错误每处扣 5 分		
试验线路的安装	20	是否按电路图进行安装电路，错误每处扣 5 分		
变压器空载运行试验	20	变压器空载运行试验数据的获得，并数据处理		
变压器短路试验	20	变压器空载运行试验数据的获得，并数据处理		
时间	10	考试时间 20min。规定最多可超时 5min	每超过 5min 扣 5 分	
安全、文明规范	10	操作现场不整洁、工具、器件摆放凌乱	每项扣 1 分	
		发生一般事故：如带电操作、考试中有大声喧哗等影响考试进度的行为等	每次扣 5 分	
		发生重大事故	本次总成绩以 0 分计	
备注	每一项最高扣分不应超过该项配分（除发生重大事故），最后总成绩不得超过 100 分		总 成 绩	
评价人		备注		

项目五

低压电器元件

电气控制技术在工业生产、科学研究以及其他各个领域的应用十分广泛，已经成为实现生产过程自动化的重要技术手段之一。尽管电气控制设备种类繁多、功能各异，但其控制原理、基本线路、设计基础都是类似的。下面以电动机或其他执行电器为控制对象，学习电气控制中常用低压电器元件的使用、电气控制系统的表达和分析方法。

电器是一种能根据外界信号（机械力、电动力和其他物理量）和要求，手动或自动地接通、断开电路，以实现对电路或非电对象的切换、控制、保护、检测、变换和调节的元件或设备。

低压电器元件通常是指工作在交流电压小于 1200V、直流电压小于 1500V 的电路中起通、断、保护、控制或调节作用的各种电器元件。常用的低压电器元件主要有刀开关、熔断器、断路器、接触器、继电器、按钮、行程开关等，学习识别与使用这些电器元件是掌握电气控制技术的基础。低压电器元件的分类如表 5-1 所示。

表 5-1　低压电器元件的分类

分类方式	类　型	说　明
按用途控制对象分类	低压配电电器	主要用于低压配电系统中,实现电能的输送、分配及保护电路和用电设备的作用。包括刀开关、组合开关、熔断器和自动开关等
	低压控制电器	主要用于电气控制系统中,实现发布指令、控制系统状态及执行动作等作用。包括接触器、继电器、主令电器和电磁离合器等
按工作原理分类	电磁式电器	根据电磁感应原理来动作的电器。如交流、直流接触器、各种电磁式继电器、电磁铁等
	非电量控制电器	依靠外力或非电量信号（如速度、压力、温度等）的变化而动作的电器。如转换开关、行程开关、速度继电器、压力继电器、温度继电器等
按动作方式分类	自动电器	自动电器指依靠电器本身参数变化（如电、磁、光等）而自动完成动作切换或状态变化的电器,如接触器、继电器等
	手动电器	手动电器指依靠人工直接完成动作切换的电器,如按钮、刀开关等

任务一　低压配电电器操作

第一部分　教学要求

● 教学目标

知识目标：

① 掌握低压开关、熔断器、主令电器的结构、原理、文字符号与图形符号。

② 掌握低压开关、熔断器、主令电器的选用方法和安装使用。

技能目标：

能正确拆卸、组装低压电器及排除常见故障。

重点：低压开关、熔断器、主令电器的结构、原理、文字符号与图形符号。

难点：能正确拆卸、组装低压电器及排除常见故障。

● 任务所需设备、工具、材料

名称	型号或规格	单位	数量
常用电工工具	验电器、一字改锥、十字改锥、剥线钳等	套	1
万用表	MF-47	块	1
组合开关	HZ10-25/3	只	1
熔断器	RL1-60/35	只	1
熔断器	RL1-15/2	只	1
低压断路器	DZ5-20	只	1
按钮开关	LA4-3H	只	1

第二部分　教学内容

知识链接1　刀开关

1. 认识刀开关的结构和用途

刀开关又称闸刀开关，是一种手动配电电器。刀开关主要作为隔离电源开关使用，用在不频繁接通和分断电路的场合，图 5-1 所示为胶底瓷盖刀开关。图 5-2 所示为胶底瓷盖刀开关结构图。此种刀开关由操作手柄、熔丝、触刀、触刀座和瓷底座等部分组成，带有短路保护功能。

刀开关在安装时，手柄要向上，不得倒装或平装，避免由于重力自动下落，引起误动合闸。接线时，应将电源线接在上端，负载线接在下端，这样断开后，刀开关的触刀与电源隔离，既便于更换熔丝，又可防止可能发生的意外事故。

图 5-1 胶底瓷盖刀开关

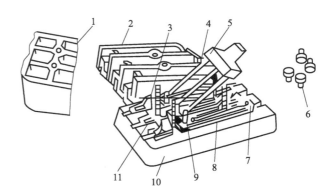

图 5-2 胶底瓷盖刀开关结构图
1—上胶盖；2—下胶盖；3—插座；4—触刀；5—瓷柄；
6—胶盖紧固螺钉；7—出线座；8—熔丝；
9—触刀座；10—瓷底座；11—进线座

2. 掌握刀开关的表示方式

刀开关的主要类型有：带灭弧装置的大容量刀开关，带熔断器的开启式负荷开关（胶盖开关），带灭弧装置和熔断器的封闭式负荷开关（铁壳开关）等。常用的产品有：HD11～HD14 和 HS11～HS13 系列刀开关，HK1、HK2 系列胶盖开关，HH3、HH4 系列铁壳开关。

刀开关按刀数的不同分有单极、双极、三极等几种。

（1）型号

刀开关的型号标志组成及其含义如下：

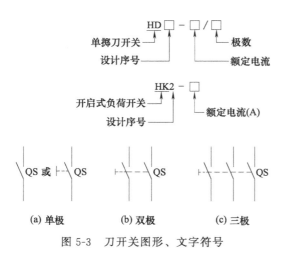

图 5-3 刀开关图形、文字符号

（2）电气符号

刀开关的图形符号及文字符号如图 5-3 所示。

3. 了解刀开关的主要技术参数

刀开关的主要技术参数有额定电压、额定电流、通断能力、动稳定电流、热稳定电流等。

① 通断能力是指在规定条件下，能在额定电压下接通和分断的电流值。

② 动稳定电流是指电路发生短路故障时，刀开关并不因短路电流产生的电动力作用而发生变形、损坏或触刀自动弹出之类的现象，这一短路电流（峰值）即称为刀开关的动稳定

电流。

③ 热稳定电流是指电路发生短路故障时，刀开关在一定时间内（通常为1s）通过某一短路电流，并不会因温度急剧升高而发生熔焊现象，这一最大短路电流称为刀开关的热稳定电流。

表5-2列出了HK1系列胶盖开关的技术参数。近年来中国研制的新产品有HD18、HD17、HS17等系列刀形隔离开关，HG1系列熔断器式隔离开关等。

表5-2 HK1系列胶盖开关的技术参数

额定电流值/A	极数	额定电压值/V	可控制电动机最大容量值/kW		触刀极限分断能力（$\cos\varphi=0.6$）/A	熔丝极限分断能力/A	配用熔丝规格			
							熔丝成分/%			熔丝直径/mm
			220V	380V			铅	锡	锑	
15	2	220	—	—	30	500	98	1	1	1.45～1.59
30	2	220			60	1000				2.30～2.52
60	2	220	—	—	90	1500	98	1	1	3.36～4.00
15	2	380	1.5	2.2	30	500				1.45～1.59
30	2	380	3.0	4.0	60	1000				2.30～2.52
60	2	380	4.4	5.5	90	1500				3.36～4.00

4. 学会刀开关的选择与常见故障的处理方法

刀开关选择的注意点：

① 根据使用场合，选择刀开关的类型、极数及操作方式。

② 刀开关额定电压应大于或等于线路电压。

③ 刀开关额定电流应等于或大于线路的额定电流。对于电动机负载，开启式刀开关额定电流可取电动机额定电流的3倍；封闭式刀开关额定电流可取电动机额定电流的1.5倍。

刀开关的常见故障及其处理方法如表5-3所示。

表5-3 刀开关的常见故障及其处理方法

故障现象	产生原因	修理方法
合闸后一相或两相没电	①插座弹性消失或开口过大 ②熔丝熔断或接触不良 ③插座、触刀氧化或有污垢 ④电源进线或出线头氧化	①更换插座 ②更换熔丝 ③清洁插座或触刀 ④检查进出线头
触刀和插座过热或烧坏	①开关容量太小 ②分、合闸时动作太慢造成电弧过大，烧坏触点 ③夹座表面烧毛 ④触刀与插座压力不足 ⑤负载过大	①更换较大容量的开关 ②改进操作方法 ③用细锉刀修整 ④调整插座压力 ⑤减轻负载或调换较大容量的开关
封闭式负荷开关的操作手柄带电	①外壳接地线接触不良 ②电源线绝缘损坏碰壳	①检查接地线 ②更换导线

知识点拓展

组合开关又称转换开关，它体积小，触点对数多，接线方式灵活，操作方便，常用于交流50Hz、380V以下及直流220V以下的电气线路中，供手动不频繁的接通和断开电路、换接电源和负载以及控制5kW以下小容量异步电动机的启动、停止和正反转。常用的组合开关有HZ10-10/3型等，其结构和符号如图5-4所示。

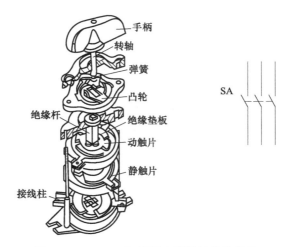

图 5-4 HZ10-10/3 型组合开关结构和符号

知识链接 2 熔断器

1. 认识熔断器的结构和用途

熔断器是串联连接在被保护电路中的，当电路短路时，电流很大，熔体急剧升温，立即熔断，所以熔断器可用于短路保护。由于熔体在用电设备过载时所通过的过载电流能积累热量，当用电设备连续过载一定时间后熔体积累的热量也能使其熔断，所以熔断器也可作过载保护。熔断器一般分成熔体座和熔体等部分。图 5-5 所示为 RL1 系列螺旋式熔断器外形图。

图 5-5 RL1 系列螺旋式熔断器外形

2. 掌握熔断器的表示方式

（1）型号

熔断器的型号标志组成及其含义如下：

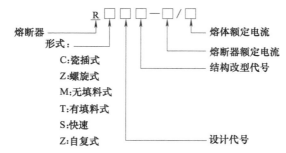

（2）电气符号

熔断器的图形符号和文字符号如图 5-6 所示。

图 5-6 熔断器图形、文字符号

3. 了解熔断器的主要技术参数

熔断器的主要技术参数有额定电压、额定电流和极限分断能力。

熔断器的主要技术参数如表 5-4 所示。

表 5-4　熔断器的主要技术参数

型　　号	额定电压/V	额定电流/A		分断能力/kA
		熔　断　器	熔　　体	
RL6-25	～500	25	2,4,6,10,20,25	50
RL6-63		63	35,50,63	
RL6-100		100	80,100	
RL6-200		200	125,160,200	
RLS2-30	～500	30	16,20,25,30	50
RLS2-63		63	32,40,50,63	
RLS2-100		100	63,80,100	
RL12-20	～415	20	2,4,6,10,15,20	80
RL12-32		32	20,25,32	
RT12-63		63	32,40,50,63	
RT12-100		100	63,80,100	
RT14-20	～380	20	2,4,6,10,16,20	100
RT14-32		32	2,4,6,10,16,20,25,32	
RT14-63		63	10,16,20,25,32,40,50,63	

4. 学会熔断器的选择与常见故障的处理方法

熔断器的选择主要包括熔断器类型、额定电压、额定电流和熔体额定电流等的确定。熔断器的类型主要由电控系统整体设计确定，熔断器的额定电压应大于或等于实际电路的工作电压；熔断器额定电流应大于或等于所装熔体的额定电流。

确定熔体电流是选择熔断器的关键，具体来说可以参考以下几种情况。

① 对于照明线路或电阻炉等电阻性负载，熔体的额定电流应大于或等于电路的工作电流，即

$$I_{fN} \geqslant I$$

式中，I_{fN} 为熔体的额定电流；I 为电路的工作电流。

② 保护一台异步电动机时，考虑电动机冲击电流的影响，熔体的额定电流可按下式计算

$$I_{fN} \geqslant (1.5 \sim 2.5)I_N$$

式中，I_N 为电动机的额定电流。

③ 保护多台异步电动机时，若各台电动机不同时启动，则应按下式计算：

$$I_{fN} \geqslant (1.5 \sim 2.5)I_{Nmax} + \sum I_N$$

式中，I_{Nmax} 为容量最大的一台电动机的额定电流；$\sum I_N$ 为其余电动机额定电流的总和。

④ 为防止发生越级熔断，上、下级（即供电干、支线）熔断器间应有良好的协调配合，为此，应使上一级（供电干线）熔断器的熔体额定电流比下一级（供电支线）大 1～2 个

级差。

熔断器的常见故障及其处理方法见表 5-5。

表 5-5 熔断器的常见故障及其处理方法

故 障 现 象	产 生 原 因	修 理 方 法
电动机启动瞬间熔体即熔断	①熔体规格选择太小 ②负载侧短路或接地 ③熔体安装时损伤	①调换适当的熔体 ②检查短路或接地故障 ③调换熔体
熔丝未熔断但电路不通	①熔体两端或接线端接触不良 ②熔断器的螺帽盖未旋紧	①清扫并旋紧接线端 ②旋紧螺帽盖

知识链接 3 低压断路器

1. 认识低压断路器的结构和用途

低压断路器又称自动空气开关，在电气线路中起接通、分断和承载额定工作电流的作用，并能在线路和电动机发生过载、短路、欠电压的情况下进行可靠的保护。它的功能相当于刀开关、过电流继电器、欠电压继电器、热继电器及漏电保护器等电器部分或全部的功能总和，是低压配电网中一种重要的保护电器。常用的低压断路器有 DZ 系列、DW 系列和DWX 系列。图 5-7 所示为 DZ 系列低压断路器外形图。

低压断路器的结构示意如图 5-8 所示，低压断路器主要由触点、灭弧系统、各种脱扣器和操作机构等组成。脱扣器又分电磁脱扣器、热脱扣器、复式脱扣器、欠压脱扣器和分励脱扣器等五种。

图 5-7 DZ 系列低压断路器外形

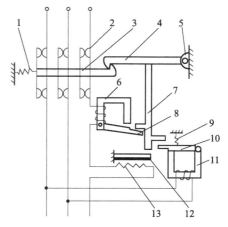

图 5-8 低压断路器结构示意图

1—弹簧；2—主触点；3—传动杆；4—锁扣；5—轴；
6—电磁脱扣器；7—杠杆；8,10—衔铁；9—弹簧；
11—欠压脱扣器；12—双金属片；13—发热元件

图 5-8 所示断路器处于闭合状态，3 个主触点通过传动杆与锁扣保持闭合，锁扣可绕轴5 转动。断路器的自动分断是由电磁脱扣器 6、欠压脱扣器 11 和双金属片 12 使锁扣 4 被杠杆 7 顶开而完成的。正常工作中，各脱扣器均不动作，而当电路发生短路、欠压或过载故障

时，分别通过各自的脱扣器使锁扣被杠杆顶开，实现保护作用。

2. 低压断路器的表示方式

（1）型号

低压断路器的标志组成及其含义如下：

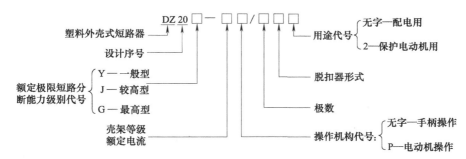

（2）电气符号

低压断路器的图形符号及文字符号如图5-9所示。

3. 了解低压断路器的主要技术参数

低压断路器的主要技术参数有额定电压、额定电流、通断能力和分断时间等。通断能力是指断路器在规定的电压、频率以及规定的线路参数（交流电路为功率因素，直流电路为时间常数）下，能够分断的最大短路电流值。分断时间是指断路器切断故障电流所需的时间。

图 5-9 低压断路器
图形、文字符号

DZ20系列低压断路器的主要技术参数如表5-6所示。

表 5-6 DZ20 系列低压断路器的主要技术参数

型　　号	额定电流/A	机械寿命/次	电气寿命/次	过电流脱扣器范围/A	短路通断能力			
					交　流		直　流	
					电压/V	电流/kA	电压/V	电流/kA
DZ20Y-100	100	8000	4000	16、20、32、40、50、63、80、100	380	18	220	10
DZ20Y-200	200	8000	2000	100、125、160、180、200	380	25	220	25
DZ20Y-400	400	5000	1000	200、225、315、350、400	380	30	380	25
DZ20Y-630	630	5000	1000	500、630	380	30	380	25
DZ20Y-800	800	3000	500	500、600、700、800	380	42	380	25
DZ20Y-1250	1250	3000	500	800、1000、1250	380	50	380	30

4. 低压断路器的选择与常见故障的处理方法

低压断路器的选择应注意以下几点。

① 低压断路器的额定电流和额定电压应大于或等于线路、设备的正常工作电压和工作电流。

② 低压断路器的极限通断能力应大于或等于电路最大短路电流。

③ 欠电压脱扣器的额定电压等于线路的额定电压。

④ 过电流脱扣器的额定电流大于或等于线路的最大负载电流。

使用低压断路器来实现短路保护比熔断器优越，因为当三相电路短路时，很可能只有一相的熔断器熔断，造成断相运行。对于低压断路器来说，只要造成短路都会使开关跳闸，将三相同时切断。另外还有其他自动保护作用。但其结构复杂、操作频率低、价格较高，因此适用于要求较高的场合，如电源总配电盘。

低压断路器常见故障及其处理方法如表 5-7 所示。

表 5-7　低压断路器常见故障及其处理方法

故 障 现 象	产 生 原 因	修 理 方 法
手动操作断路器不能闭合	①电源电压太低 ②热脱扣的双金属片尚未冷却复原 ③欠电压脱扣器无电压或线圈损坏 ④储能弹簧变形，导致闭合力减小 ⑤反作用弹簧力过大	①检查线路并调高电源电压 ②待双金属片冷却后再合闸 ③检查线路，施加电压或调换线圈 ④调换储能弹簧 ⑤重新调整弹簧反力
电动操作断路器不能闭合	①电源电压不符 ②电源容量不够 ③电磁铁拉杆行程不够 ④电动机操作定位开关变位	①调换电源 ②增大操作电源容量 ③调整或调换拉杆 ④调整定位开关
电动机启动时断路器立即分断	①过电流脱扣器瞬时整定值太小 ②脱扣器某些零件损坏 ③脱扣器反力弹簧断裂或落下	①调整瞬间整定值 ②调换脱扣器或损坏的零部件 ③调换弹簧或重新装好弹簧
分励脱扣器不能使断路器分断	①线圈短路 ②电源电压太低	①调换线圈 ②检修线路调整电源电压
欠电压脱扣器噪声大	①反作用弹簧力太大 ②铁芯工作面有油污 ③短路环断裂	①调整反作用弹簧 ②清除铁芯油污 ③调换铁芯
欠电压脱扣器不能使断路器分断	①反力弹簧弹力变小 ②储能弹簧断裂或弹簧力变小 ③机构生锈卡死	①调整弹簧 ②调换或调整储能弹簧 ③清除锈污

第三部分　操作技能

技能训练　低压配电电器的拆装与检修

1. 任务描述

① 根据所给的实物，写出各个元件的名称、型号及工作原理。

② 对刀开关、熔断器、低压断路器进行拆装练习和检修。

2. 实训内容

实训任务单见表 5-8。

表 5-8 实训任务单

项目名称	子项目	内容要求	备注
常用低压电器的选择与维修	刀开关的拆装与检修	学员按照人数分组训练： 1. 刀开关的识别。 2. 刀开关的拆装。 3. 刀开关的维修。	
	熔断器的识别、拆装与检修	学员按照人数分组训练： 1. 熔断器的识别。 2. 熔断器的检修。 3. 熔断器的维修。	
	低压断路器的拆装与检测	学员按照人数分组训练： 1. 低压断路器的拆装。 2. 低压断路器的检测。	
目标要求			
实训器材	尖嘴钳、螺丝刀(一字、十字)、试电笔、万用表、组合开关、按钮、交流接触器,热继电器、镊子、活络扳手等		
其他			
项目组别	负责人	组员	

3. 实训步骤及工艺要求

（1）刀开关的拆装与检测

认真观察其结构，按结构拆卸，再按拆卸的逆序装配：将封闭式负荷开关的手柄扳到合闸位置，用万用表的电阻挡测量各对触点间的接触情况，再用兆欧表测量每两相触点间的绝缘电阻并仔细观察其结构，将主要部件的名称及作用填入表 5-9 中。

表 5-9 检测结果

检测内容		工具仪表	结论	主要部件	
				名称	作用
触点间接触情况	L1 相				
	L2 相				
	L3 相				
相间绝缘电阻	L1-L2				
	L2-L3				
	L3-L1				

（2）熔断器的识别、拆装与检修

① 熔断器识别。

• 在教师指导下，仔细观察各种内型、规格的熔断器的外形和结构特点。

• 由指导教师从所给的熔断器中任选五只，用胶布盖住其型号并编号，由学生根据实物写出其名称、型号规格及主要组成部分，填入表 5-10 中。

表 5-10　熔断器识别

序　号	1	2	3	4	5
名　称					
型号规格					
结　构					

② 更换 RC1A 系列或 RL1 系列熔断器的熔体。

· 检查所给熔断器的熔体是否完好。对 RC1A 型，可拔下瓷盖进行检查；对 RL1 型，应首先检查熔断器其熔断指示器。

· 若熔体已断，按原规格选配熔体。

· 更换熔体。对 RC1A 系列的熔断器，安装熔丝时熔丝缠绕方向要正确，安装过程中不得损坏熔丝。对 RL1 系列的熔断器不能倒装。

· 用万用表检查更换熔体后的熔断器各部分接触是否良好。

（3）低压断路器的拆装与检测

将一只 DZ47-C16 型塑壳式低压短路器的外壳拆开，再按拆卸的逆序装配。将主要部件的作用和有关参数填入表 5-11 中。

表 5-11　低压断路器的检测

主要部件名称	作用	主要参数	备注
电磁脱扣器			
热脱扣器			
按钮			
储能弹簧			

4．技能评分

低压配电电器的操作技能训练评分表见表 5-12。

表 5-12　低压配电电器的操作技能训练评分表

班级			姓　名	
开始时间			结束时间	
项目	配分	评　分　标　准　及　要　求		扣　分
电器识别	20	识别错误,每处扣 10 分		
刀开关的拆装与检修	20	1. 拆卸、组装步骤不正确,每步扣 10 分 2. 损坏和丢失零件,每只扣 10 分		
熔断器的拆装与检修	20	1. 拆卸、组装步骤不正确,每步扣 10 分 2. 损坏和丢失零件,每只扣 10 分		
低压断路器的拆装与检测	20	1. 检测不正确,每只扣 10 分 2. 工具仪表使用不正确,每只扣 5 分		
时间	10	考试时间 20min。规定最多可超时 5min	每超过 5min 扣 5 分	

续表

班　级			姓　名		
开始时间			结束时间		
项　目	配分	评　分　标　准　及　要　求			扣　分
安全、文明规范	10	操作现场不整洁，工具、器件摆放凌乱	每项扣 1 分		
		发生一般事故：如带电操作、考试中有大声喧哗等影响考试进度的行为等	每次扣 5 分		
		发生重大事故	本次总成绩以 0 分计		
备注	每一项最高扣分不应超过该项配分（除发生重大事故），最后总成绩不得超过 100 分		总　成　绩		
评价人			备注		

任务二　低压控制电器操作

第一部分　教学要求

● 教学目标

知识目标：

① 掌握交流接触器、时间继电器及热继电器的结构、原理及使用。

② 掌握交流接触器、时间继电器及热继电器常见故障的检测与排除方法。

技能目标：

① 熟悉交流接触器、时间继电器及热继电器的拆装与装配工艺。

② 能对交流接触器、时间继电器及热继电器的常见故障进行排除。

● 任务所需器材

名称	型号或规格	单位	数量
常用电工工具	验电器、一字改锥、十字改锥、剥线钳等	套	1
万用表	MF-47	个	1
交流接触器	CJ10-20	个	1
热继电器	JR16-30/3	个	1
时间继电器	AH-2Y	个	1
按钮开关		个	1

第二部分　教学内容

知识链接 1　接触器

1. 认识接触器的结构和用途

接触器是用于远距离频繁地接通和切断交直流主电路及大容量控制电路的一种自动控制

电器。其主要控制对象是电动机，也可以用于控制其他电力负载、电热器、电照明、电焊机与电容器组等。接触器具有操作频率高、使用寿命长、工作可靠、性能稳定、维护方便等优点，同时还具有低压释放保护功能，因此，在电力拖动和自动控制系统中，接触器是运用最广泛的控制电器之一。

按控制电流性质不同，接触器分为交流接触器和直流接触器两大类。图 5-10 所示为几款接触器外形图。

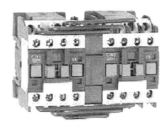

(a) CZ0直流接触器　　　　　　(b) CJX1系列交流接触器　　　　(c) CJX2-N系列可逆交流接触器

图 5-10　接触器外形

交流接触器常用于远距离、频繁地接通和分断额定电压至 1140V、电流至 630A 的交流电路。图 5-11 为交流接触器的结构示意图，它分别由电磁系统、触点系统、灭弧状置和其他部件组成。

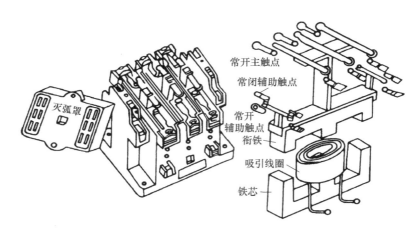

图 5-11　交流接触器结构示意图

交流接触器工作时，一般当施加在线圈上的交流电压大于线圈额定电压值的 85％ 时，铁芯中产生的磁通对衔铁产生的电磁吸力克服复位弹簧拉力，使衔铁带动触点动作。触点动作时，常闭触点先断开，常开触点后闭合，主触点和辅助触点是同时动作的。当线圈中的电压值降到某一数值时，铁芯中的磁通下降，吸力减小到不足以克服复位弹簧的拉力时，衔铁复位，使主触点和辅助触点复位。这个功能就是接触器的失压保护功能。

常用的交流接触器有 CJ10 系列可取代 CJ0、CJ8 等老产品，CJ12、CJ12B 系列可取代 CJ1、CJ2、CJ3 等老产品，其中 CJ10 是统一设计产品。

2. 掌握接触器的表示方式

（1）型号

接触器的标志组成及其含义如下：

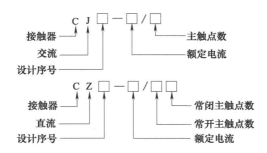

（2）电气符号

交、直流接触器的图形符号及文字符号如图 5-12 所示。

图 5-12 接触器图形、文字符号

3. 了解接触器的主要技术参数

接触器的主要技术参数有额定电压、额定电流、吸引线圈的额定电压、电气寿命、机械寿命和额定操作频率，如表 5-13 所示。

表 5-13 CJ10 系列交流接触器的技术参数

型号	额定电压 /V	额定电流 /A	可控制的三相异步电动机的最大功率/kW			额定操作频率/(次/h)	线圈消耗功率/(V·A)		机械寿命 /万次	电寿命 /万次
			220V	380V	550V		启动	吸持		
CJ10-5	380 500	5	1.2	2.2	2.2	600	35	6	300	60
CJ10-10		10	2.2	4	4		65	11		
CJ10-20		20	5.5	10	10		140	22		
CJ10-40		40	11	20	20		230	32		
CJ10-60		60	17	30	30		485	95		
CJ10-100		100	30	50	50		760	105		
CJ10-150		150	43	75	75		950	110		

接触器铭牌上的额定电压是指主触点的额定电压，交流有 127V、220V、380V、500V 等挡；直流有 110V、220V、440V 等挡。

接触器铭牌上的额定电流是指主触点的额定电流，有 5A、10A、20A、40A、60A、100A、150A、250A、400A 和 600A 等挡。

接触器吸引线圈的额定电压交流有 36V、110V、127V、220V、380V 等挡次；直流有 24V、48V、220V、440V 等挡。

接触器的电气寿命用其在不同使用条件下无须修理或更换零件的负载操作次数来表示。

接触器的机械寿命用其在需要正常维修或更换机械零件前，包括更换触点，所能承受的无载操作循环次数来表示。

额定操作频率是指接触器的每小时操作次数。

4．接触器的选择与常见故障的修理方法

接触器的选择主要考虑以下几个方面。

① 接触器的类型。根据接触器所控制的负载性质，选择直流接触器或交流接触器。

② 额定电压。接触器的额定电压应大于或等于所控制线路的电压。

③ 额定电流。接触器的额定电流应大于或等于所控制电路的额定电流。对于电动机负载可按下列经验公式计算：

$$I_c = \frac{P_N}{KU_N}$$

式中，I_c 为接触器主触点电流，A；P_N 为电动机额定功率，kW；U_N 为电动机额定电压，V；K 为经验系数，一般取 $1\sim1.4$。

接触器常见故障及其处理方法如表 5-14 所示。

表 5-14　接触器常见故障及其处理方法

故 障 现 象	产 生 原 因	修 理 方 法
接触器不吸合或吸不牢	①电源电压过低 ②线圈断路 ③线圈技术参数与使用条件不符 ④铁芯机械卡阻	①调高电源电压 ②调换线圈 ③调换线圈 ④排除卡阻物
线圈断电，接触器不释放或释放缓慢	①触点熔焊 ②铁芯表面有油污 ③触点弹簧压力过小或复位弹簧损坏 ④机械卡阻	①排除熔焊故障，修理或更换触点 ②清理铁芯极面 ③调整触点弹簧力或更换复位弹簧 ④排除卡阻物
触点熔焊	①操作频率过高或过负载使用 ②负载侧短路 ③触点弹簧压力过小 ④触点表面有电弧灼伤 ⑤机械卡阻	①调换合适的接触器或减小负载 ②排除短路故障更换触点 ③调整触点弹簧压力 ④清理触点表面 ⑤排除卡阻物
铁芯噪声过大	①电源电压过低 ②短路环断裂 ③铁芯机械卡阻 ④铁芯极面有油垢或磨损不平 ⑤触点弹簧压力过大	①检查线路并提高电源电压 ②调换铁芯或短路环 ③排除卡阻物 ④用汽油清洗极面或更换铁芯 ⑤调整触点弹簧压力
线圈过热或烧毁	①线圈匝间短路 ②操作频率过高 ③线圈参数与实际使用条件不符 ④铁芯机械卡阻	①更换线圈并找出故障原因 ②调换合适的接触器 ③调换线圈或接触器 ④排除卡阻物

知识链接 2　时间继电器

在自动控制系统中，需要有瞬时动作的继电器，也需要延时动作的继电器。时间继电器

就是利用某种原理实现触点延时动作的自动电器，经常用于时间控制原则进行控制的场合。其种类主要有空气阻尼式、电磁阻尼式、电子式和电动式。

时间继电器的延时方式有以下两种。

① 通电延时。接受输入信号后延迟一定的时间，输出信号才发生变化。当输入信号消失后，输出瞬时复原。

② 断电延时。接受输入信号时，瞬时产生相应的输出信号。当输入信号消失后，延迟一定的时间，输出才复原。

1. 认识空气阻尼式时间继电器的结构和用途

空气阻尼式时间继电器是利用空气阻尼原理获得延时的，其结构由电磁系统、延时机构和触点三部分组成。电磁机构为双正直动式，触点系统用 LX5 型微动开关，延时机构采用气囊式阻尼器。图 5-13 为 JS7 系空气阻尼式时间继电器外形图。

空气阻尼式时间继电器的电磁机构可以是直流的，也可以是交流的；既有通电延时型，也有断电延时型。只要改变电磁机构的安装方向，便可实现不同的延时方式：当衔铁位于铁芯和延时机构之间时为通电延时，如图 5-14（a）所示；当铁芯位于衔铁和延时机构之间时为断电延时，如图 5-14（b）所示。

图 5-13　JS7 系空气阻尼式时间继电器外形

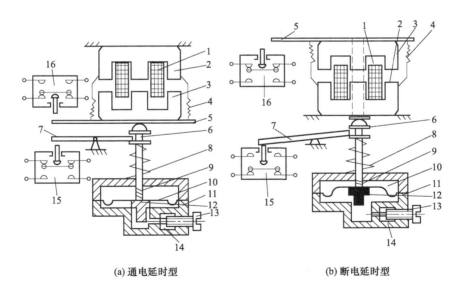

(a) 通电延时型　　　　　　　　　(b) 断电延时型

图 5-14　JS7-A 系列空气阻尼式时间继电器结构原理图

1—线圈；2—铁芯；3—衔铁；4—反力弹簧；5—推板；6—活塞杆；7—杠杆；8—塔形弹簧；9—弱弹簧；
10—橡皮膜；11—空气室壁；12—活塞；13—调节螺钉；14—进气孔；15,16—微动开关

空气阻尼式时间继电器的特点是：延时范围较大（0.4～180s），结构简单，寿命长，价格低。但其延时误差较大，无调节刻度指示，难以确定整定延时值。在对延时精度要求较高的场合，不宜使用这种时间继电器。常用的 JS7-A 系列时间继电器的基本技术参数如表5-15

所示。

2. 掌握时间继电器的表示方式

（1）型号

时间继电器的标志组成及其含义如下：

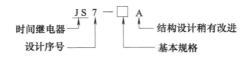

（2）电气符号

时间继电器的图形符号及文字符号如图 5-15 所示。

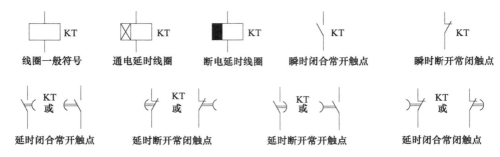

图 5-15　时间继电器图形、文字符号

3. 了解时间继电器的主要技术参数

时间继电器的主要技术参数有额定工作电压、额定发热电流、额定控制容量、吸引线圈电压、延时范围、环境温度、延时误差和操作频率，如表 5-15 所示。

表 5-15　JS7-A 系列空气阻尼式时间继电器的技术数据

型　　号	吸引线圈电压/V	触点额定电压/V	触点额定电流/A	延时范围/s	延时触点				瞬动触点	
					通电延时		断电延时		常开	常闭
					常开	常闭	常开	常闭		
JS7-1A	24，36，110，127，220，380，420	380	5	0.4～60 及 0.4～180	1	1	—	—	—	—
JS7-2A					1	1	—	—	1	1
JS7-3A					—	—	1	1	—	—
JS7-4A					—	—	1	1	1	1

4. 学会时间继电器的选择与常见故障的修理方法

时间继电器形式多样，各具特点，选择时应从以下几方面考虑。

① 根据控制电路对延时触点的要求选择延时方式，即通电延时型或断电延时型。

② 根据延时范围和精度要求选择继电器类型。

③ 根据使用场合、工作环境选择时间继电器的类型。如电源电压波动大的场合可选空气阻尼式或电动式时间继电器，电源频率不稳定的场合不宜选用电动式时间继电器；环境温度变化大的场合不宜选用空气阻尼式和电子式时间继电器。

空气阻尼式时间继电器常见故障及其处理方法如表 5-16 所示。

表 5-16　空气阻尼式时间继电器常见故障及其处理方法

故障现象	产 生 原 因	修 理 方 法
延时触点不动作	①电磁铁线圈断线 ②电源电压低于线圈额定电压很多 ③电动式时间继电器的同步电动机线圈断线 ④电动式时间继电器的棘爪无弹性,不能刹住棘齿 ⑤电动式时间继电器游丝断裂	①更换线圈 ②更换线圈或调高电源电压 ③调换同步电动机 ④调换棘爪 ⑤调换游丝
延时时间缩短	①空气阻尼式时间继电器的气室装配不严,漏气 ②空气阻尼式时间继电器的气室内橡皮薄膜损坏	①修理或调换气室 ②调换橡皮薄膜
延时时间变长	①空气阻尼式时间继电器的气室内有灰尘,使气道阻塞 ②电动式时间继电器的传动机构缺润滑油	①清除气室内灰尘,使气道畅通 ②加入适量的润滑油

知识链接 3　热继电器

1. 认识热继电器的结构和用途

电动机在运行过程中若过载时间长,过载电流大,电动机绕组的温升就会超过允许值,使电动机绕组绝缘老化,缩短电动机的使用寿命,严重时甚至会使电动机绕组烧毁。因此,电动机在长期运行中,需要对其过载提供保护装置。热继电器是利用电流的热效应原理实现电动机的过载保护,图 5-16 为几种常用的热继电器外形图。

JR16系列热继电器　　　　JRS5系列热继电器　　　　JRS1系列热继电器

图 5-16　热继电器外形

热继电器具有反时限保护特性,即过载电流大,动作时间短;过载电流小,动作时间长。当电动机的工作电流为额定电流时,热继电器应长期不动作。其保护特性如表 5-17 所示。

表 5-17　热继电器的保护特性

项　　号	整定电流倍数	动作时间	试验条件
1	1.05	＞2h	冷态
2	1.2	＜2h	热态
3	1.6	＜2min	热态
4	6	＞5s	冷态

热继电器主要由热元件、双金属片和触点三部分组成。双金属片是热继电器的感测元件,由两种线膨胀系数不同的金属片用机械碾压而成。线膨胀系数大的称为主动层,小的称

为被动层。图 5-17 是热继电器的结构示意图。热元件串联在电动机定子绕组中，电动机正常工作时，热元件产生的热量虽然能使双金属片弯曲，但还不能使继电器动作。当电动机过载时，流过热元件的电流增大，经过一定时间后，双金属片推动导板使继电器触点动作，切断电动机的控制线路。

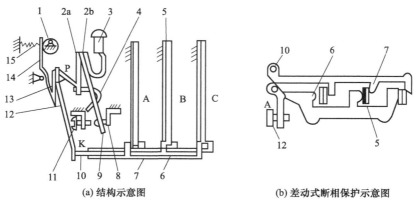

图 5-17　JR16 系列热继电器结构

1—电流调节凸轮；2—2a、2b 簧片；3—手动复位按钮；4—弓簧；5—双金属片；6—外导板；7—内导板；
8—常闭静触点；9—动触点；10—杠杆；11—调节螺钉；12—补偿双金属片；13—推杆；14—连杆；15—压簧

电动机断相运行是电动机烧毁的主要原因之一，因此要求热继电器还应具备断相保护功能，如图 5-17（b）所示，热继电器的导板采用差动机构，在断相工作时，其中两相电流增大，一相逐渐冷却，这样可使热继电器的动作时间缩短，从而更有效地保护电动机。

2. 掌握热继电器的表示方式

（1）型号

热继电器的型号标志组成及其含义如下：

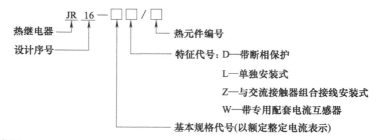

（2）电气符号

热继电器的图形符号及文字符号如图 5-18 所示。

(a) 热继电器的驱动器件　(b) 常闭触点

图 5-18　热继电器图形、文字符号

3. 了解热继电器的主要技术参数

热继电器的主要技术参数包括额定电压、额定电流、相数、热元件编号及整定电流调节范围等。

热继电器的整定电流是指热继电器的热元件允许长期通过又不致引起继电器动作的最大电流值。对于某一热元件，可通过调节其电流调节旋钮，在一定范围内调节其整定电流。

常用的热继电器有 JRS1、JR20、JR16、JR15、JR14 等系列，引进产品有 T，3UP、

LR1-D 等系列。JR20、JRS1 系列具有断相保护、温度补偿、整定电流值可调、手动脱扣、手动复位、动作后的信号指示灯功能。安装方式上除采用分立结构外，还增设了组合式结构，可通过导电杆与挂钩直接插接，可直接电气连接在 CJ20 接触器上。表 5-18 所示是 JR16 系列热继电器的主要技术参数。

表 5-18　JR16 系列热继电器的主要参数

型　　号	额定电流/A	热元件规格	
		额定电流/A	电流调节范围/A
JR16-20/3 JR16-20/3D	20	0.35 0.5 0.72 1.1 1.6 2.4 3.5 5 11 16 22	0.25～0.35 0.32～0.5 0.45～0.72 0.68～1.1 1.0～1.6 1.5～2.4 2.2～3.5 3.5～5.0 6.8～11 10.0～16 14～22
JR16-60/3 JR16-60/3D	60 100	22 32 45 63	14～22 20～32 28～45 45～63
JR16-150/3 JR16-150/3D	150	63 85 120 160	40～63 53～85 75～120 100～160

4. 学会热继电器的选择与常见故障的处理方法

热继电器主要用于电动机的过载保护，使用中应考虑电动机的工作环境、启动情况、负载性质等因素，具体应按以下几个方面来选择。

① 热继电器结构形式的选择：Y 接法的电动机可选用两相或三相结构热继电器；△接法的电动机应选用带断相保护装置的三相结构热继电器。

② 根据被保护电动机的实际启动时间选取 6 倍额定电流下具有相应可返回时间的热继电器。一般热继电器的可返回时间大约为 6 倍额定电流下动作时间的 50%～70%。

③ 热元件额定电流一般可按下式确定：

$$I_N = (0.95～1.05)I_{MN}$$

式中，I_N 为热元件额定电流；I_{MN} 为电动机的额定电流。

对于工作环境恶劣、启动频繁的电动机，则按下式确定：

$$I_N = (1.15～1.5)I_{MN}$$

热元件选好后，还需用电动机的额定电流来调整它的整定值。

④ 对于重复短时工作的电动机（如起重机电动机），由于电动机不断重复升温，热继电器双金属片的温升跟不上电动机绕组的温升，电动机将得不到可靠的过载保护。因此，不宜选用双金属片热继电器，而应选用过电流继电器或能反映绕组实际温度的温度继电器来进行保护。

热继电器的常见故障及其处理方法如表 5-19 所示。

知识链接 4　按钮

按钮是一种手动且可以自动复位的主令电器，其结构简单，控制方便，在低压控制电路中得到广泛应用。图 5-19 所示为 LA19 系列按钮外形。

表 5-19　热继电器的常见故障及其处理方法

故障现象	产生原因	修理方法
热继电器误动作或动作太快	①整定电流偏小 ②操作频率过高 ③连接导线太细	①调大整定电流 ②调换热继电器或限定操作频率 ③选用标准导线
热继电器不动作	①整定电流偏大 ②热元件烧断或脱焊 ③导板脱出	①调小整定电流 ②更换热元件或热继电器 ③重新放置导板并试验动作灵活性
热元件烧断	①负载侧电流过大 ②反复 ③短时工作 ④操作频率过高	①排除故障调换热继电器 ②限定操作频率或调换合适的热继电器
主电路不通	①热元件烧毁 ②接线螺钉未压紧	①更换热元件或热继电器 ②旋紧接线螺钉
控制电路不通	①热继电器常闭触点接触不良或弹性消失 ②手动复位的热继电器动作后,未手动复位	①检修常闭触点 ②手动复位

1. 认识按钮的结构和用途

按钮由按钮帽、复位弹簧、桥式触点和外壳等组成,其结构如图 5-20 所示。触点采用桥式触点,触点额定电流在 5A 以下,分常开触点和常闭触点两种。在外力作用下,常闭触点先断开,然后常开触点再闭合;复位时,常开触点先断开,然后常闭触点再闭合。

图 5-19　LA19 系列按钮外形

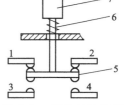

图 5-20　按钮结构示意

1,2—常闭触点;3,4—常开触点;5—桥式触点;
6—复位弹簧;7—按钮帽

按用途和结构的不同,按钮分为启动按钮、停止按钮和复合按钮等。

按使用场合、作用不同,通常将按钮帽做成红、绿、黑、黄、蓝、白、灰等颜色。国标 GB 5226.1—2008 对按钮帽颜色作了如下规定。

①"停止"和"急停"按钮必须是红色。

②"启动"按钮的颜色为绿色。

③"启动"与"停止"交替动作的按钮必须是黑白、白色或灰色。

④"点动"按钮必须是黑色。

⑤"复位"按钮必须是蓝色(如保护继电器的复位按钮)。

在机床电气设备中,常用的按钮有 LA18、LA19、LA20、LA25 和 LAY3 等系列。其中 LA25 系列按钮为通用型按钮的更新换代产品,采用组合式结构,可根据需要任意组合其触点数目,最多可组成 6 个单元。

2. 掌握按钮的表示方式

（1）型号。按钮型号标志组成及其含义如下：

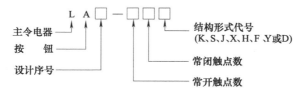

其中，结构形式代号的含义为：K 为开启式，S 为防水式，J 为紧急式，X 为旋钮式，H 为保护式，F 为防腐式，Y 为钥匙式，D 为带灯按钮。

（2）电气符号。按钮的图形符号及文字符号如图 5-21 所示。

图 5-21 按钮图形、文字符号

3. 了解按钮的主要技术参数

按钮的主要技术参数有额定绝缘电压 U_i、额定工作电压 U_N、额定工作电流 I_N，如表 5-20 所示。

表 5-20 LA19 系列按钮的技术参数

型 号 规 格	额定电压/V		约定发热电流/A	额定工作电流		信号灯		触点对数		结构形式
	交流	直流		交流	直流	电压/V	功率/W	常开	常闭	
LA19-11	380	220	5	380V/0.8A	220V/0.3A			1	1	一般式
LA19-11D	380	220	5			6	1	1	1	带指示灯式
LA19-11J	380	220	5	220V/1.4A	110V/0.6A			1	1	蘑菇式
LA19-11DJ	380	220	5			6	1	1	1	蘑菇带灯式

4. 学会按钮的选择与常见故障的处理办法

按钮主要根据使用场合、用途、控制需要及工作状况等进行选择。

① 根据使用场合，选择控制按钮的种类，如开启式、防水式、防腐式等。

② 根据用途，选用合适的形式，如钥匙式、紧急式、带灯式等。

③ 根据控制回路的需要，确定不同的按钮数，如单钮、双钮、三钮、多钮等。

④ 根据工作状态指示和工作情况的要求，选择按钮及指示灯的颜色。

按钮的常见故障及其处理方法如表 5-21 所示。

拓展内容 行程开关

1. 认识行程开关的结构和用途

行程开关是一种利用生产机械的某些运动部件的碰撞来发出控制指令的主令电器，用于控制生产机械的运动方向、行程大小和位置保护等。当行程开关用于位置保护时，又称限位开关。

表 5-21　按钮的常见故障及其处理方法

故障现象	产生原因	修理方法
按下启动按钮时有触电感觉	①按钮的防护金属外壳与连接导线接触 ②按钮帽的缝隙间充满铁屑,使其与导电部分形成通路	① 检查按钮内连接导线 ② 清理按钮及触点
按下启动按钮,不能接通电路,控制失灵	①接线头脱落 ②触点磨损松动,接触不良 ③动触点弹簧失效,使触点接触不良	①检查启动按钮连接线 ②检修触点或调换按钮 ③重绕弹簧或调换按钮
按下停止按钮,不能断开电路	①接线错误 ②尘埃或机油、乳化液等流入按钮形成短路 ③绝缘击穿短路	①更改接线 ②清扫按钮并相应采取密封措施 ③调换按钮

　　行程开关的种类很多,常用的行程开关有按钮式、单轮旋转式、双轮旋转式行程开关,它们的外形如图 5-22 所示。

(a) 按钮式　　　　　　　(b) 单轮旋转式　　　　　　　(c) 双轮旋转式

图 5-22　行程开关外形

　　各种系列的行程开关其基本结构大体相同,都是由操作头、触点系统和外壳组成,其结构如图 5-23 所示。操作头接受机械设备发出的动作指令或信号,并将其传递到触点系统,触点再将操作头传递来的动作指令或信号通过本身的结构功能变成电信号,输出到有关控制回路。

2. 掌握行程开关的表达方式

(1) 型号

行程开关的型号标志组成及其含义如下:

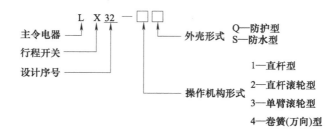

(2) 电气符号

行程开关的图形符号及文字符号如图 5-24 所示。

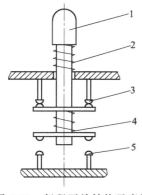

图 5-23 行程开关结构示意图
1—顶杆；2—弹簧；3—常闭触点；
4—触点弹簧；5—常开触点

图 5-24 行程开关图形、文字符号

3. 了解行程开关的主要技术参数

行程开关的主要技术参数有额定电压、额定电流、触点数量、动作行程、触点转换时间、动作力等，如表 5-22 所示。

表 5-22 LX19 系列行程开关的技术参数

型号	触点数量		额定电压/A		额定电流/A	触点换接时间/s	动作力/N	动作行程/mm 或角度
	常开	常闭	交流	直流				
LX19-001	1	1	380	220	5	≤0.4	≤9.8	1.5～3.5mm
LX19-111							≤7	≤30°
LX19-121							≤19.6	
LX19-131								
LX19-212								
LX19-222								≤60°
LX19-232								

4. 掌握行程开关的选择

目前，国内生产的行程开关品种规格很多，较为常用的有 LXW5、LX19、LXK3、LX32、LX33 等系列。新型 3SES3 系列行程开关的额定工作电压为 500V，额定电流为 10A，其机械、电气寿命比常见行程开关更长。LXW5 系列为微动开关。

行程开关在选用时，应根据不同的使用场合，满足额定电压、额定电流、复位方式和触点数量等方面的要求。

第三部分 操作技能

技能训练 低压控制电器的拆装与检修

1. 任务描述
① 根据所给的实物，写出各个元件的名称、型号及工作原理。
② 对接触器、时间继电器、热继电器进行拆装练习和检修。

2. 实训内容

3. 实训步骤及工艺要求
（1）交流接触器的拆装与检修

实训任务单

项目名称	子项目	内容要求	备注
常用低压控制电器的选择与维修	交流接触器的识别、拆装与检修	学员按照人数分组训练： 1. 交流接触器的识别。 2. 交流接触器的拆装。 3. 交流接触器的维修。	
	时间继电器的识别、拆装与检修	学员按照人数分组训练： 1. 时间继电器的识别。 2. 时间继电器的检修。 3. 时间继电器的维修。	
	热继电器的识别、拆装与检测	学员按照人数分组训练： 1. 热继电器的识别。 2. 热继电器的检修。 3. 热继电器的维修。	
目标要求			
实训器材		尖嘴钳、螺丝刀(一字、十字)、试电笔、万用表、组合开关、按钮、交流接触器、热继电器、镊子、活络扳手等	
其他			
项目组别	负责人	组员	

演练步骤：

① 拆卸步骤

• 卸下灭弧罩紧固螺钉，取下灭弧罩。

• 拉紧主触点定位弹簧夹，取下主触点及主触点压力弹簧片。拆卸主触点时必须将主触点侧转 45°后取下。

• 松开辅助常开静触点的线螺钉，取下常开静触点。

• 松开接触器底部的盖板螺钉，取下盖板。在松盖板螺钉时，要用手按住螺钉并慢慢放松。

• 取下静铁芯缓冲绝缘纸片及静铁芯。

• 取下静铁芯支架及缓冲弹簧。

• 拔出线圈接线端的弹簧夹片，取下线圈。

• 取下反作用弹簧。

• 取下衔铁和支架。

• 从支架上取下动铁芯定位销。

• 取下动铁芯及缓冲绝缘纸片。

② 检修步骤

• 检查灭弧罩有无破裂或烧损，清除灭弧罩内的金属飞溅物和颗粒。

• 检查触点的磨损程度，磨损严重时应更换触点。若不需更换，则清除触点表面上烧毛的颗粒。

• 清除铁芯端面的油垢，检查铁芯有无变形及端面接触是否平整。

• 检查触点压力弹簧及反作用弹簧是否变形或弹力不足，如有需要则更换弹簧。

• 检查电磁线圈是否有短路、断路及发热变色现象。

③ 装配步骤　按拆卸的逆顺序进行装配。

④ 自检方法　用万用表欧姆挡来检查线圈及各触点是否良好；用兆欧表测量各触点间及主触点对地电阻是否符合要求；用手按动主触点检查运动部分是否灵活，以防产生接触不

良、振动和噪声。

（2）时间继电器的拆装与检修

观察空气阻尼式时间继电器的结构，用万用表测量线圈的电阻，将主要零部件的名称、作用、触头的数量及种类记入表 5-23 中。

表 5-23 空气阻尼式时间继电器及测量记录

型号	线圈电阻(Ω)	主要零部件	
		名称	作用
常开触头数(副)	常闭触头数(副)		
延时触头数(副)	瞬时触头数(副)		
延时断开触头数(副)	延时闭合触头数(副)		

（3）热继电器的校验

演练步骤如下。

① 校验调整

• 按如图 5-25 所示，连好校验电路。将调压变压器的输出调到零位置。将热继电器置于手动复位状态并将整定值旋钮置于额定值处。

• 经教师审查同意后，合上电源开关 QS，指示灯 HL 亮。

• 将调压变压器输出电压从零升高，使热元件通过的电流升至额定值，1h 内热继电器应不动作；若 1h 内热继电器动作，则应将调节旋钮向整定值大的方向旋动。

• 接着将电流升至 1.2 倍额定电流，热继电器应在 20min 内动作，指示灯 HL 熄灭；若 20min 内不动作，则应将调节旋钮向整定值小的位置旋动。

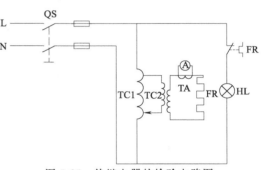

图 5-25 热继电器的检验电路图

• 将电流降至零，待热继电器冷却并手动复位后，再调升电流至 1.5 倍额定值，热继电器应在 2min 内动作。

• 再将电流降至零，待热继电器冷却并复位后，快速调升电流至 6 倍额定值，分断 QS 再随即合上，其动作时间应大于 5s。

② 复位方式的调整 热继电器出厂时，一般都调在手动复位，如果需要自动复位，可将复位调节螺钉顺时针旋进。自动复位时应在动作后 5min 内自动复位；手动复位时，在动作 2min 后，按下手动复位按钮，热继电器应复位。

注意事项：

① 校验时的环境温度应尽量接近工作环境温度，连接导线长度一般不应小于 0.6m，连接导线的截面积应该与使用时的实际情况相同。

② 校验过程中电流变化较大，为使测量结果准确，校验时注意选择电流互感器的合适量程。

③ 通电校验时，必须将热继电器、电源开关等固定在校验板上，并有指导教师监护，

以确保用电安全。

④ 电流互感器通电过程中，电流表回路不可开路，接线时应充分注意。

4. 技能评分

低压控制电器的操作技能训练评分表

班级				姓　名		
开始时间				结束时间		
项目	配分	评 分 标 准 及 要 求				扣 分
电器识别	20	识别错误,每处扣 10 分				
交流接触器的拆装与检修	20	1. 拆卸、组装步骤不正确,每步扣 10 分 2. 损坏和丢失零件,每只扣 10 分 3. 未进行检修或检修无效果,扣 10 分 4. 不能进行通电校验				
时间继电器的拆装与检修	20	1. 拆卸、组装步骤不正确,每步扣 10 分 2. 损坏和丢失零件,每只扣 10 分 3. 未进行检修或检修无效果,扣 10 分 4. 不能进行通电校验				
热继电器的拆装与检修	20	1. 检测不正确,每只扣 10 分 2. 工具仪表使用不正确,每只扣 5 分 3. 未进行检修或检修无效果,扣 10 分 4. 不能进行通电校验				
时间	10	考试时间 20min。规定最多可超时 5min	每超过 5min 扣 5 分			
安全、文明规范	10	操作现场不整洁、工具、器件摆放凌乱	每项扣 1 分			
		发生一般事故:如带电操作、考试中有大声喧哗等影响考试进度的行为等	每次扣 5 分			
		发生重大事故	本次总成绩以 0 分计			
备注	每一项最高扣分不应超过该项配分(除发生重大事故),最后总成绩不得超过 100 分		总 成 绩			
评价人			备注			

项目六

三相异步电动机典型控制电路安装及调试 ▶▶▶

任务一　三相异步电动机正转控制电路

第一部分　教学要求

● **教学目标**

知识目标：

① 掌握常用低压电器种类、名称、符号、使用方法。

② 掌握三相异步电动机正转控制电路的电路原理图。

技能目标：

① 正确进行三相异步电动机的点动正转控制线路装配。

② 正确进行三相异步电动机的接触器联锁正转控制线路装配。

重点： 低压开关、熔断器、主令电器的结构、原理、文字符号与图形符号。

难点： 能正确拆卸、组装低压电器及排除常见故障。

● **任务所需设备、工具、材料**

名称	型号或规格	单位	数量
常用电工工具	验电器、一字改锥、十字改锥、剥线钳等	套	1
万用表	MF-47	块	1
组合开关	HZ10-25/3	只	1
熔断器	RL1-60/35	只	1
熔断器	RL1-15/2	只	1
低压断路器	DZ5-20	只	1
按钮开关	LA4-3H	只	1
热继电器	JR16-30/3	个	1
交流接触器	CJ10-20	个	2
三相异步电动机	YS502/4	个	1

第二部分　教学内容

知识链接1　点动控制电路

1. 点动控制

按下按钮电动机就得电运转，松开按钮电动机就失电停转的控制方法，称为点动控制。点动控制主要应用于设备的对刀以及设备调试。

2. 点动控制线路的组成及元器件作用

由学生进行复述。

3. 工作原理

根据图 6-1，点动控制线路的工作原理可叙述为：

合上 QS→按住 SB1→KM 线圈得电→KM 主触头闭合→电动机 M 启动。

松开 SB1→KM 线圈失电→KM 主触头断开→电动机 M 停车。

4. 绘制、识读电路图应遵循的规则

① 电路图一般分为电源电路、主电路、辅助电路三部分。电源电路一般画成水平线，三相交流电源相序 L1、L2、L3 自上而下依次画出。

② 主电路是受电的动力装置及控制、保护电器的支路等，是电源向负载提供电能的电路，它由主熔断器、接触器主触头、热继电器的热元件以及电动机等组成。

③ 辅助电路一般包括控制主电路工作状态的控制电路、显示主电路工作状态的指示电路、提供机床设备局部照明电路的局部照明电路等。

④ 辅助电路要跨接在两相电源之间，一般控制电路、指示电路和照明电路的顺序，用细实线依次垂直画在主电路的右侧，并且耗能元件（如接触器和继电器的线圈、指示灯、照明灯等）要画在电路图下方，与下边电源线相连，而电器触头要画在耗能元件与上边电源线之间。为读图方便，一般应自左至右、自上而下的排列来表示操作顺序。

5. 点动控制线路的布置图

布置图是根据电器元件在控制板上的实际安装位置，采用简化的外形符号（如正方形、矩形、圆形等）绘制的一种简图。它不表达各电器的具体结构、作用、接线情况以及工作原理，主要用于电器元件的布置和安装。布置图中各电器的文字符号，必须与电路图和接线图的标注一致，点动控制线路布置图如图 6-2 所示。

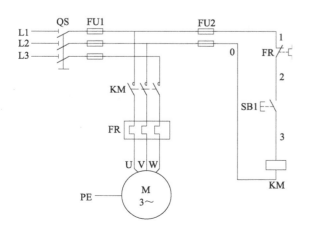

图 6-1　点动控制线路图

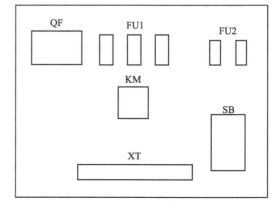

图 6-2　点动控制线路布置图

知识链接 2　接触器自锁正转控制线路

1. 自锁和自锁触头

当启动按钮松开后，接触器通过自身的辅助常开触头使其线圈保持得电的作用叫做自锁。与启动按钮并联起自锁作用的辅助常开触头叫做自锁触头。

2. 根据图 6-3，接触器自锁正转控制线路的工作原理可叙述为：

合上 QS→按下 SB2→KM 线圈得电→KM 主触头闭合→电动机 M 启动。

　　　　　　　　└→KM 的自锁触点（3-4）常开点闭合，自锁。

　　　　　　　按下 SB1→KM 线圈失电→KM 主触头断开，KM 的自锁触头（3-4）复位→电动机 M 停车。

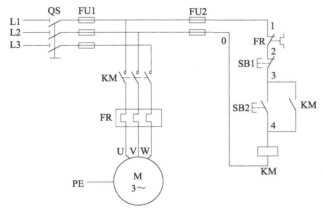

图 6-3　接触器自锁正转控制线路图

3. 接触器自锁控制线路不但能使电动机连续运转，而且还具有欠压和失压（或零压）保护作用

（1）欠压保护

欠压是指线路电压低于电动机应加的额定电压。欠压保护是指当线路电压下降到某一数值时，电动机能自动脱离电源停转，避免电动机在欠压下运行的一种保护。

（2）失压（或零压）保护

失压保护是指电动机在正常运行中，由于外界某种原因引起突然断电时，能自动切断电动机电源；当重新供电时，保证电动机不能自行启动的一种保护。接触器自锁控制线路也可以实现失压保护作用。

4. 接触器自锁正转控制线路装配工艺要求

① 布线通道尽可能少，同路并行导线按主、控电路分类集中，单层密排，紧贴安装面布线。

② 同一平面的导线应高低一致或前后一致，不能交叉。非交叉不可时，该根导线应在接线端子引出时就水平架空跨越，且必须走线合理。

③ 布线应横平竖直，分布均匀。变换走向时应垂直转向。

④ 布线时严禁损伤线芯和导线绝缘。

⑤ 布线顺序一般以接触器为中心，由里向外，由低至高，先控制电路，后主电路的顺序进行，以不妨碍后续布线为原则。

⑥ 在每根剥去绝缘层导线的两端套上线号管。所有从一个接线端子（或接线桩）到另一个接线端子（或接线桩）的导线必须连续，中间无接头。

5. 接触器自锁正转控制线路安装注意事项及检修方法

（1）安装接触器自锁正转控制线路的注意事项

① 电动机及按钮的金属外壳必须可靠接地。

② 电源进线应接在螺旋式熔断器的下接线座上，出线应接在上接线座上。

③ 安装完毕的控制线路板，必须经过认真检查后，才允许通电试车，以防止错接、漏接，造成不能正常运转或短路事故。

④ 训练应在规定的定额时间内完成。

（2）电动机基本控制线路故障检修的方法

① 用试验法观察故障现象，初步判定故障范围；

② 用逻辑分析法缩小故障范围；

③ 用测量法（电压测量法和电阻测量法）确定故障点。

第三部分 操作技能

技能训练 三相异步电动机正转控制电路

1. 任务描述

正确进行三相异步电动机的点动和接触器联锁正转控制线路装配。

2. 实训内容

实训任务单

项目名称	子项目	内容要求	备注
三相异步电动机正转控制电路	点动控制正转电路	学员按照人数分组训练： 1. 准备实习设备、材料及教学用具； 2. 正确放置电器元件； 3. 按点动要求完成电路。	
	接触器自锁控制正转电路	学员按照人数分组训练： 1. 准备实习设备、材料及教学用具； 2. 正确放置电器元件； 3. 按自锁控制要求完成电路。	
目标要求			
实训器材	尖嘴钳、螺丝刀(一字、十字)、试电笔、万用表、组合开关、按钮、交流接触器、热继电器、镊子、活络扳手、三相异步电动机等		
其他			
项目组别	负责人	组员	

3. 实训步骤及工艺要求

（1）三相异步电动机点动控制正转电路

前期准备：

① 认识各电器的结构、图形符号、接线方法；

② 抄录电动机及各电器铭牌数据；

③ 并用万用电表欧姆挡检查各电器线圈、触头是否完好。

三相鼠笼式异步电动机接成 Y 型接法；主回路电源接三路小型断路器输出端 L1、L2、

L3，供电线电压为 380V，二次控制回路电源接 L1、L2 供电电压为 380V。

参考图 6-1 进行安装接线，接线时，先接动力主回路，它是从 380V 三相交流电源小型断路器 QS 的输出端 L1、L2、L3 开始，经熔断器、交流接触器 KM 的主触头，热继电器 FR 的热元件到电动机 M 的三个线端 U、V、W 的电路，用导线按顺序串联起来。主电路连接完整无误后，再连接二次控制回路，它是 L1 开始，经过常开按钮 SB1、接触器 KM 的线圈、热继电器 FR 的常闭触头到三相交流电源另一输出端 L2，显然它是对接触器 KM 线圈供电的线路；接好线路，经指导教师检查后，方可进行通电操作。

① 合上实训台内的电源总开关，按下实训台面板上的电源启动按钮。

② 合上断路器 QS，启动主回路和控制回路的电源。

③ 按下启动按钮 SB1，对电动机 M 进行点动操作，比较按下 SB1 与松开 SB1 电动机和接触器的运行情况及电动机的工作情况。

④ 实验完毕，按实训台体电源停止按钮，切断实验线路三相交流电源。

（2）三相异步电动机接触器联锁控制正转电路

实训准备部分同点动控制。

参考图 6-3 进行安装接线，接线时，先接动力主回路，它是从 380V 三相交流电源小型断路器 QS 的输出端 L1、L2、L3 开始，经熔断器、交流接触器 KM 的主触头，热继电器 FR 的热元件到电动机 M 的三个线端 U、V、W 的电路，用导线按顺序串联起来。主电路连接完整无误后，再连接二次控制回路，它是 L1 开始，经过常闭按钮 SB1、常开按钮 SB2（同时并联接触器 KM 的常开触头）、接触器 KM 的线圈、热继电器 FR 的常闭触头到三相交流电源另一输出端 L2，显然它是对接触器 KM 线圈供电的线路；接好线路，经指导教师检查后，方可进行通电操作。

① 合上实训台内的电源总开关，按下实训台面板上的电源启动按钮。

② 合上断路器 QS，启动主回路和控制回路的电源。

③ 按下启动按钮 SB2，对电动机 M 进行连动操作，按下停止按钮 SB1，电动机 M 停止。

④ 实验完毕，按实训台体电源停止按钮，切断实验线路三相交流电源。

4. 技能评分

低压控制电器的操作技能训练评分表

班级			姓　名		
开始时间			结束时间		
项目	配分	评分标准及要求			扣　分
电器识别及安装	20	1. 元件布置不整齐、不匀称、不合理，每处扣 2 分 2. 元件安装不牢固、漏装螺钉，每处扣 2 分 3. 损坏元件或设备，每次扣 10 分			
布线	30	1. 选用导线不合理，每处扣 5 分 2. 不按原理图配线，每处扣 5 分 3. 布线不横平竖直，每处扣 5 分 4. 接点松动、裸铜过长、反圈、毛刺、压绝缘层，每处扣 5 分 5. 损伤导线绝缘或芯线，每根扣 5 分 6. 导线乱敷设扣 30 分			
点动控制正转电路	15	通电运行不正常，扣 15 分			

（续）

班级			姓　名		
开始时间			结束时间		
项目	配分		评分标准及要求		扣　分
接触器自锁控制正转电路	15	通电运行不正常，扣 15 分			
时间	10	考试时间 20min。规定最多可超时 5min		每超过 5min 扣 5 分	
安全、文明规范	10	操作现场不整洁、工具、器件摆放凌乱		每项扣 1 分	
		发生一般事故：如带电操作、考试中有大声喧哗等影响考试进度的行为等		每次扣 5 分	
		发生重大事故		本次总成绩以 0 分计	
备注		每一项最高扣分不应超过该项配分（除发生重大事故），最后总成绩不得超过 100 分		总　成　绩	
评价人				备注	

任务二　三相异步电动机正反转控制电路

第一部分　教学要求

● 教学目标

知识目标：

① 掌握常用低压电器种类、名称、符号、使用方法。

② 掌握三相异步电动机正反转控制的设计思路，理解其工作原理。

技能目标：

正确进行三相异步电动机的正反转控制线路装配。

重点：设计三相异步电动机正反转控制线路。

难点：分析三相异步电动机正反转控制线路的工作原理。

● 任务所需设备、工具、材料

名称	型号或规格	单位	数量
常用电工工具	验电器、一字改锥、十字改锥、剥线钳等	套	1
万用表	MF-47	块	1
组合开关	HZ10-25/3	只	1
熔断器	RL1-60/35	只	1
熔断器	RL1-15/2	只	1
低压断路器	DZ5-20	只	1
按钮开关	LA4-3H	只	1
热继电器	JR16-30/3	个	1
交流接触器	CJ10-20	个	2
三相异步电动机	YS502/4	个	1

第二部分　教学内容

知识链接1　接触器互锁正反转控制电路

1. 知识铺垫

电动机反转的条件：改变通入电动机定子绕组三相电源的相序。

换相的方法：改变电源任意两相的接线。如图6-4。

2. 设计组合电路

设计任务：要求完成一台三相异步电动机的正反转控制，当按下正转按钮时，电动机启动并正转运行；当按下停止按钮时，电动机停止运行，再按下反转按钮时，电动机启动并反转运行。

任务一：电动机正转线路设计（见图6-5）

任务二：电动机反转线路设计（见图6-6）

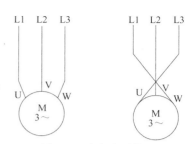

图6-4　改变电子绕组三相电源相序

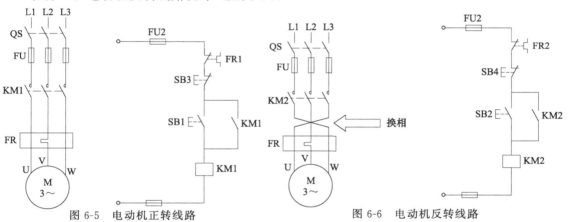

图6-5　电动机正转线路　　　图6-6　电动机反转线路

任务三：如何把上述的两个电路组合起来

（1）主电路的组合

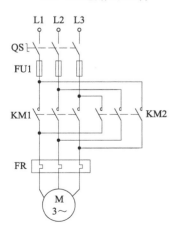

图6-7　正反转主电路控制

利用KM1控制原来的主电路（即正转），KM2控制主电路一、三相相序的改变（即反转），通过课件显示如图6-7。

（2）控制电路的组合

即KM2的控制（同时显示控制KM2的电路），这就是电动机正反转控制线路。

SB1和SB2不能同时按下，即在按下SB1电动机正转时，按下反转启动按钮，或在电动机反转时，按下正转启动按钮，操作错误将引起主回路电源短路。

KM1和KM2线圈不能同时通电。

生产实际中没有这样的正反转电路，那么如何解决这个电路的缺点呢？

如何在按下SB1时，KM1通电，KM2不能通电？可以将接触器KM1的辅助常闭触点串入KM2的线圈回路中。同理也可以将接触器KM2的辅助常闭触点串入 KM1 的线圈回路。(显示接触器联锁正反转控制线路) 如图 6-8 所示。

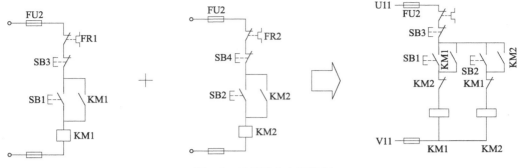

图 6-8　正反转主电路控制

3. 分析组合的新电路

通过大家的分析可以得到以下新的正反转电路(即接触器互锁正反转控制线路),如图 6-9 所示。

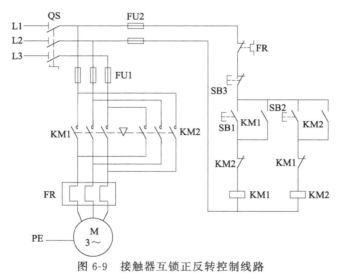

图 6-9　接触器互锁正反转控制线路

(1)　分析原理

正向启动过程:

按下SB1→KM1线圈得电→KM1自锁触头闭合自锁→电动机启动运行
　　　　　　　　　└→KM1主触头闭合
　　　　　　　　　└→KM1联锁触头分断对KM2联锁

反转启动过程:

先按下SB3→KM1线圈失电→KM1自锁触头分断解除自锁→电动机失电
　　　　　　　　　└→KM1主触头分断
　　　　　　　　　└→KM1联锁触头复位

再按下SB2→KM2线圈得电→KM2自锁触头闭合自锁→电动机启动反转
　　　　　　　　　└→KM2主触头分断
　　　　　　　　　└→KM2联锁触头分断对KM1联锁

停止时，按下停止按钮 SB3→控制电路失电→KM1（或 KM2）主触头分断→电动机失电停止

（2）分析缺陷

电动机从正转变为反转时，必须先按下停止按钮后，才能按反转启动按钮，否则由于接触器的联锁作用，不能直接实现反转控制。引导学生归纳总结电路优、缺点。

以上电路的缺点，我们做任何事都希望尽量完美，当然设计电路也不例外。启发引导学生根据前面两种电路设计一个没有缺点相对完善的电路来实现正反转。

可以把两种联锁合在一起就可以完全避免这两个电路的缺点。由此引出按钮接触器双重联锁正反转控制线路。

知识链接 2　按钮接触器双重联锁正反转控制线路

1. 线路的运用场合

正反转控制运用生产机械要求运动部件能向正反两个方向运动的场合。如机床工作台电机的前进与后退控制；万能铣床主轴的正反转控制；圈板机的辊子的正反转；电梯、起重机的上升与下降控制等场所。

2. 控制功能分析

怎样才能实现正反转控制？为什么要实现联锁？

电机要实现正反转控制：将其电源的相序中任意两相对调即可（简称换相），通常是 V 相不变，将 U 相与 W 相对调，为了保证两个接触器动作时能够可靠调换电动机的相序，接线时应使接触器的上口接线保持一致，在接触器的下口调相。由于将两相相序对调，故须确保 2 个 KM 线圈不能同时得电，否则会发生严重的相间短路故障，因此必须采取联锁。为安全起见，常采用按钮联锁（机械）和接触器联锁（电气）的双重联锁正反转控制线路（如原理图所示）；使用了（机械）按钮联锁，即使同时按下正反转按钮，调相用的两接触器也不可能同时得电，机械上避免了相间短路。另外，由于应用的（电气）接触器间的联锁，所以只要其中一个接触器得电，其长闭触点（串接在对方线圈的控制线路中）就不会闭合，这样在机械、电气双重联锁的应用下，电机的供电系统不可能相间短路，有效地保护电机，同时也避免在调相时相间短路造成事故，烧坏接触器。

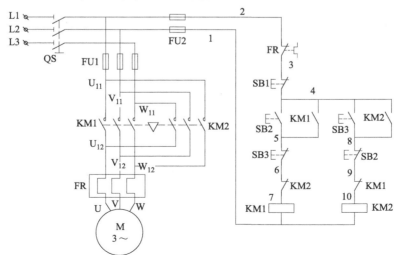

图 6-10　按钮接触器双重联锁正反转控制线路

3. 按钮接触器双重联锁正反转控制线路电路图及工作原理分析（见图 6-10）

A. 正转控制：

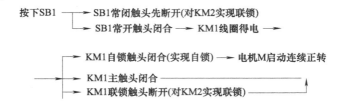

B. 反转控制：

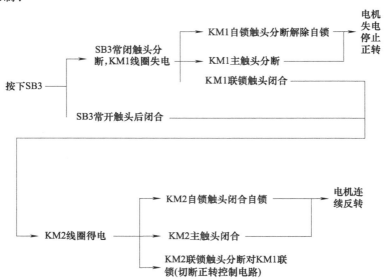

C. 停止控制：

按下 SB3，整个控制电路失电，接触器各触头复位，电机 M 失电停转。

4. 双重联锁正反转控制线路的优点

接触器联锁正反转控制线路虽工作安全可靠但操作不方便；而按钮联锁正反转控制线路虽操作方便但容易产生电源两相短路故障。双重联锁正反转控制线路则兼有两种联锁控制线路的优点，操作方便，工作安全可靠。

第三部分　操作技能

技能训练　三相异步电动机正转控制

1. 任务描述

（1）正确进行三相异步电动机的接触器联锁正反转控制线路装配。

（2）正确进行三相异步电动机的按钮接触器双重联锁正反转控制线路装配。

2. 实训内容

3. 实际操作练习

（1）安装工艺要求

① 元件安装工艺：安装牢固、排列整齐；

② 布线工艺：走线集中、减少架空和交叉，做到横平、竖直、转弯成直角；

③ 接线工艺：

实训任务单

项目名称	子项目	内容要求	备注
三相异步电动机正反转控制电路	接触器联锁正反转	学员按照人数分组训练： 1. 准备实习设备、材料及教学用具； 2. 正确放置电器元件； 3. 按接触器联锁要求完成电路。	
	按钮接触器双重联锁正反转	学员按照人数分组训练： 1. 准备实习设备、材料及教学用具； 2. 正确放置电器元件； 3. 按按钮接触器双重联锁要求完成电路。	
目标要求			
实训器材		尖嘴钳、螺丝刀（一字、十字）、试电笔、万用表、组合开关、按钮、交流接触器、热继电器、镊子、活络扳手、三相异步电动机等	
其他			
项目组别		负责人　　　　　　　　组员	

A. 每个接头最多只能接两根线；

B. 平压式接线柱要求作线耳连接，方向为顺时针；

C. 线头露铜部分小于 2mm；

D. 电机和按钮等金属外壳必须可靠接地。

（2）注意事项

① 各个元件的安装位置要适当，安装要牢固、排列要整齐；

② 按钮使用规定：红色：SB3 停止控制；绿色：SB1 正转控制；黑色：SB2 反转控制；

③ 按钮、电机等金属外壳都必须接地，采用黄绿双色线；

④ 主电路必须换相（即 V 相不变，U 相与 W 相对换），才能实现正反转控制；

⑤ 接线时，不能将控制正反转的接触器自锁触头互换，否则只能点动；

⑥ 接线完毕，必须先自检查，确认无误，方可通电。

4. 实训步骤

（1）三相异步电动机接触器联锁正反转控制电路

三相鼠笼式异步电动机接成△型接法；主回路电源接三路小型断路器输出端 L1、L2、L3，供电线电压为 380V，二次控制回路电源接 L1、L2 供电电压为 380V。

参考图 6-6 进行安装接线，接线时，先接动力主回路，它是从 380V 三相交流电源小型断路器 QS 的输出端 L1、L2、L3 开始，经熔断器、交流接触器 KM1 的主触头，交流接触器 KM2 的主触头（其中的两相和 KM1 互换）、热继电器 FR 的热元件到电动机 M 的三个线端 U、V、W 的电路，用导线按顺序串联起来。

主电路连接完整无误后，再连接二次控制回路，它是 L1 开始，经过常闭按钮 SB3、常开按钮 SB1（并联接触器 KM 的常开触头）、接触器 KM2 的常闭触头、接触器 KM1 的线圈、热继电器 FR 的常闭触头到三相交流电源另一输出端 L2，显然它是对接触器 KM1 线圈供电的线路；同样的原理接好 KM2 支路，接好线路，经指导教师检查后，方可进行通电操作。

① 合上实训台内的电源总开关，按下实训台面板上的电源启动按钮。

② 合上断路器 QS，启动主回路和控制回路的电源。

③ 按下启动按钮 SB1，对电动机 M 进行正转操作，按下停止按钮 SB3，电动机 M 停止转动，按下启动按钮 SB2，电动机 M 进行反转操作，按下停止按钮 SB3，电动机 M 停止转动。

④ 实验完毕，按实训台体电源停止按钮，切断实验线路三相交流电源。

（2）三相异步电动机按钮接触器双重联锁控制正转电路

实训准备部分同接触器联锁正反转控制。

参考图 6-7 进行安装接线，接线时，先接动力主回路，它是从 380V 三相交流电源小型断路器 QS 的输出端 L1、L2、L3 开始，经熔断器、交流接触器 KM1 的主触头，交流接触器 KM2 的主触头（其中的两相和 KM1 互换）、热继电器 FR 的热元件到电动机 M 的三个线端 U、V、W 的电路，用导线按顺序串联起来。

主电路连接完整无误后，再连接二次控制回路，它是 L1 开始，经过常闭按钮 SB3、常开按钮 SB1（并联接触器 KM 的常开触头）、按钮 SB2 的常闭、接触器 KM2 的常闭触头、接触器 KM1 的线圈、热继电器 FR 的常闭触头到三相交流电源另一输出端 L2，显然它是对接触器 KM1 线圈供电的线路；同样的原理接好 KM2 支路，接好线路，经指导教师检查后，方可进行通电操作。

① 合上实训台内的电源总开关，按下实训台面板上的电源启动按钮。

② 合上断路器 QS，启动主回路和控制回路的电源。

③ 按下启动按钮 SB1，对电动机 M 进行正转操作，按下停止按钮 SB3，电动机 M 停止转动，按下启动按钮 SB2，电动机 M 进行反转操作，按下停止按钮 SB3，电动机 M 停止转动。

④ 实验完毕，按实训台体电源停止按钮，切断实验线路三相交流电源。

5. 技能评分

电动机正反转控制操作技能训练评分表

班级			姓 名	
开始时间			结束时间	
项目	配分	评 分 标 准 及 要 求		扣 分
电器识别及安装	20	1. 元件布置不整齐、不匀称、不合理，每处扣 2 分 2. 元件安装不牢固、漏装螺钉，每处扣 2 分 3. 损坏元件或设备，每次扣 10 分		
布线	30	1. 选用导线不合理，每处扣 5 分 2. 不按原理图配线，每处扣 5 分 3. 布线不横平竖直，每处扣 5 分 4. 接点松动、裸铜过长、反圈、毛刺、压绝缘层，每处扣 5 分 5. 损伤导线绝缘或芯线，每根扣 5 分 6. 导线乱敷设扣 30 分		
接触器联锁正反转控制	15	通电运行不正常，扣 15 分		
按钮接触器双重联锁正反转控制	15	通电运行不正常，扣 15 分		
时间	10	考试时间 20min。规定最多可超时 5min	每超过 5min 扣 5 分	
安全、文明规范	10	操作现场不整洁、工具、器件摆放凌乱	每项扣 1 分	
		发生一般事故：如带电操作、考试中有大声喧哗等影响考试进度的行为等	每次扣 5 分	
		发生重大事故	本次总成绩以 0 分计	
备注	每一项最高扣分不应超过该项配分（除发生重大事故），最后总成绩不得超过 100 分		总 成 绩	
评价人			备注	

任务三　三相异步电动机顺序启动控制线路

第一部分　教学要求

● 教学目标

知识目标：

① 掌握常用低压电器种类、名称、符号、使用方法；

② 掌握三相异步电动机顺序启动控制线路的设计思路，理解其工作原理。

技能目标：

正确进行三相异步电动机顺序启动控制线路装配。

重点： 设计三相异步电动机顺序启动控制线路。

难点： 分析三相异步电动机顺序启动控制线路的工作原理。

● 任务所需设备、工具、材料

名称	型号或规格	单位	数量
常用电工工具	验电器、一字改锥、十字改锥、剥线钳等	套	1
万用表	MF-47	块	1
组合开关	HZ10-25/3	只	1
熔断器	RL1-60/35	只	1
熔断器	RL1-15/2	只	1
低压断路器	DZ5-20	只	1
按钮开关	LA4-3H	只	1
热继电器	JR16-30/3	个	1
交流接触器	CJ10-20	个	2
三相异步电动机	YS502/4	个	2

第二部分　教学内容

知识链接　三相异步电动机顺序启动、逆序停止控制线路

1. 知识铺垫

顺序启动、逆序停止控制线路是在一个设备启动之后另一个设备才能启动运行的一种控制方法，常用于主辅设备之间的控制，当辅助设备的接触器 KM1 启动之后，主要设备的接触器 KM2 才能启动，主设备 KM2 不停止，辅助设备 KM1 也不能停止。

2. 设计顺序启动、逆序停止控制线路（见图 6-11）

设计任务：要求完成两台三相异步电动机的顺序启动、逆序停止控制线路，当按下 Q

启动按钮 SB3 时，电动机 M1 启动并连续运行；当按下启动按钮 SB4 时，电动机 M2 启动并连续运行，停止时，先按下停止按钮 SB2，电动机 M2 停止，再按下停止按钮 SB1，电动机 M1 停止运行。

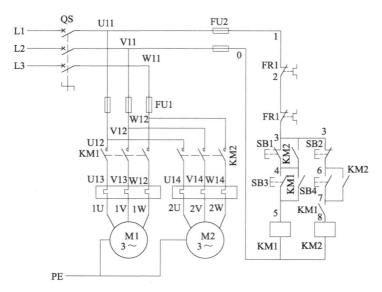

图 6-11　三相异步电动机顺序启动、逆序停止控制线路

3. 线路工作原理图

线路的工作原理如下：先合上电源开关 QS

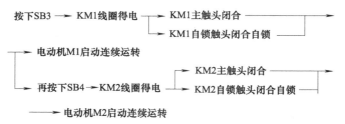

M1\M2 逆序停转：
按下 SB2→KM2 控制电路失电→KM2 主触头分断→电动机 M2 停转→再按下 SB1→
KM1 控制电路失电→KM1 主触头分断→电动机 M1 停转

知识拓展　三相异步电动机顺序启动、同时停止控制线路

1. 知识铺垫

在生产机械中，往往有多台电动机，各电动机的作用不同，需要按一定顺序动作，才能保证整个工作过程的合理性和可靠性。以上这种按一定顺序对多个电机进行启动、停止的控制，称为电动机的顺序控制。

两地控制的具有过载保护接触器自锁正转控制线路控制过程，电动机 M2 是通过接插器 X 接在接触器 KM1 主触头的下面，因此，只有当 KM1 主触头闭合，电动机 M1 启动运转后，电动机 M2 才可能接通电源运转。M7120 型平面磨床的砂轮电动机和冷却泵电动机就采用这种顺序控制线路。

2. 线路设计（见图6-12）

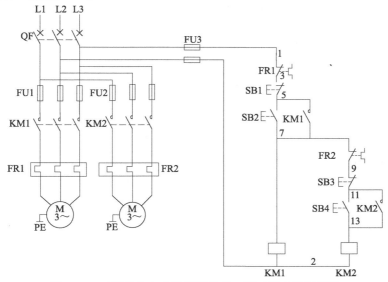

图 6-12　三相异步电动机顺序启动、同时停止控制线路

3. 线路的工作原理

如下：先合上电源开关 QS

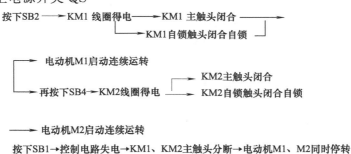

按下SB1→控制电路失电→KM1、KM2主触头分断→电动机M1、M2同时停转

第三部分　操作技能

技能训练　三相异步电动机顺序启动、逆序停止控制线路

1. 任务描述

正确进行三相异步电动机顺序启动、逆序停止控制线路装配。

2. 实训内容

实训任务单

项目名称	子项目	内容要求	备注
三相异步电动机顺序控制线路	顺序启动、逆序停止	学员按照人数分组训练： 1. 准备实习设备、材料及教学用具； 2. 正确放置电器元件； 3. 按顺序启动、逆序停止要求完成电路。	
	顺序启动、同时停止	学员按照人数分组训练： 1. 准备实习设备、材料及教学用具； 2. 正确放置电器元件； 3. 按顺序启动、同时停止要求完成电路。	

项目名称	子项目	内容要求	备注
目标要求			
实训器材		尖嘴钳、螺丝刀(一字、十字)、试电笔、万用表、组合开关、按钮、交流接触器、热继电器、镊子、活络扳手、三相异步电动机等	
其他			
项目组别		负责人	组员	

3. 实际操作练习

（1）安装工艺要求

① 元件安装工艺：安装牢固、排列整齐；

② 布线工艺：走线集中、减少架空和交叉，做到横平、竖直、转弯成直角；

③ 接线工艺：

每个接头最多只能接两根线；

平压式接线柱要求作线耳连接，方向为顺时针；

线头露铜部分小于2mm；

电机和按钮等金属外壳必须可靠接地。

（2）注意事项

① 各个元件的安装位置要适当，安装要牢固、排列要整齐；

② 按钮使用规定：红色：停止控制；绿色：启动控制；

③ 按钮、电机等金属外壳都必须接地，采用黄绿双色线；

④ 接线完毕，必须先自检查，确认无误，方可通电。

4. 实训步骤

三相鼠笼式异步电动机接成Y型接法；主回路电源接三路小型断路器输出端L1、L2、L3，供电线电压为380V，接两个三相异步电动机，二次控制回路电源接L1、L2供电电压为380V。参考图6-11进行安装接线，接线时，先接动力主回路，它是从380V三相交流电源小型断路器QS1的输出端L1、L2、L3开始，经熔断器、交流接触器KM1的主触头，热继电器FR的热元件到电动机M的三个线端U、V、W的电路，同样接KM2，用导线按顺序串联起来。

主电路连接完整无误后，再连接二次控制回路，它是L1开始，经过熔断器、热继电器、常闭按钮SB1（并联接触器KM2的常开触头）、常开按钮SB3（并联接触器KM1的常开触头）、接触器KM1的线圈、三相交流电源另一输出端L2；同样的原理接好KM2支路，接好线路，经指导教师检查后，方可进行通电操作。

① 合上实训台内的电源总开关，按下实训台面板上的电源启动按钮。

② 合上断路器QS，启动主回路和控制回路的电源。

③ 按下启动按钮SB3，对电动机M1进行启动操作，按下启动按钮SB4，电动机M2启动操作，按下停止按钮SB2，电动机M2停止，按下停止按钮SB1，电动机M1停止转动。

④ 实验完毕，按实训台体电源停止按钮，切断实验线路三相交流电源。

实训准备部分同接触器联锁正反转控制。

三相鼠笼式异步电动机接成Y型接法；主回路电源接三路小型断路器输出端L1、L2、L3，供电线电压为380V，接两个三相异步电动机，二次控制回路电源接L1、L2供电电压为 380V。

参考图 6-12 进行安装接线，接线时，先接动力主回路，它是从 380V 三相交流电源小型断路器 QS1 的输出端 L1、L2、L3 开始，经熔断器、交流接触器 KM1 的主触头、热继电器 FR 的热元件到电动机 M 的三个线端 U、V、W 的电路，同样接 KM2，用导线按顺序串联起来。主电路连接完整无误后，再连接二次控制回路，它是 L1 开始，经过熔断器、热继电器、常闭按钮 SB1、常开按钮 SB2（并联接触器 KM1 的常开触头）、接触器 KM1 的线圈、三相交流电源另一输出端 L2；同样的原理接好 KM2 支路，接好线路，经指导教师检查后，方可进行通电操作。

① 合上实训台内的电源总开关，按下实训台面板上的电源启动按钮。

② 合上断路器 QS，启动主回路和控制回路的电源。

③ 按下启动按钮 SB3，对电动机 M1 进行启动操作，按下启动按钮 SB4，电动机 M2 启动操作，按下停止按钮 SB1，电动机 M1、M2 停止。

④ 实验完毕，按实训台体电源停止按钮，切断实验线路三相交流电源。

5. 技能评分

电动机顺序启动控制操作技能训练评分表

班级			姓 名		
开始时间			结束时间		
项目	配分	评 分 标 准 及 要 求			扣 分
电器识别及安装	20	1. 元件布置不整齐、不匀称、不合理，每处扣 2 分 2. 元件安装不牢固、漏装螺钉，每处扣 2 分 3. 损坏元件或设备，每次扣 10 分			
布　线	30	1. 选用导线不合理，每处扣 5 分 2. 不按原理图配线，每处扣 5 分 3. 布线不横平竖直，每处扣 5 分 4. 接点松动、裸铜过长、反圈、毛刺、压绝缘层，每处扣 5 分 5. 损伤导线绝缘或芯线，每根扣 5 分 6. 导线乱敷设扣 30 分			
三相异步电动机顺序启动、逆序停止控制电路	15	通电运行不正常，扣 15 分			
三相异步电动机顺序启动、同时停止控制电路	15	通电运行不正常，扣 15 分			
时间	10	考试时间 20min。规定最多可超时 5min	每超过 5min 扣 5 分		
安全、文明规范	10	操作现场不整洁、工具、器件摆放凌乱	每项扣 1 分		
		发生一般事故：如带电操作、考试中有大声喧哗等影响考试进度的行为等	每次扣 5 分		
		发生重大事故	本次总成绩以 0 分计		
备注	每一项最高扣分不应超过该项配分（除发生重大事故），最后总成绩不得超过 100 分		总 成 绩		
评价人			备注		

任务四　三相异步电动机星三角降压启动控制线路

第一部分　教学要求

教学目标

知识目标：

① 掌握时间继电器自动控制 Y-△ 降压启动控制线路的工作原理；

② 掌握时间继电器的作用与使用方法。

技能目标：

掌握三相异步电动机的时间继电器自动控制 Y-△ 降压启动控制线路的安装方法和自检方法。

重点： ① 掌握电动机在 Y-△ 接法时的接线盒内的接线图；

　　　　 ② 掌握 Y-△ 降压启动控制线路的原理；

　　　　 ③ 掌握电动机在 Y 接法和 △ 接法时的主电路的接线方法。

难点： 电动机 Y-△ 降压启动控制线路中交流接触器的接线及线路的检测方法。

任务所需设备、工具、材料

名称	型号或规格	单位	数量
常用电工工具	验电器、一字改锥、十字改锥、剥线钳等	套	1
万用表	MF-47	块	1
组合开关	HZ10-25/3	只	1
熔断器	RL1-60/35	只	1
熔断器	RL1-15/2	只	1
低压断路器	DZ5-20	只	1
按钮开关	LA4-3H	只	1
热继电器	JR16-30/3	个	1
交流接触器	CJ10-20	个	2
时间继电器	AH-2Y	个	1
三相异步电动机	YS502/4	个	2

第二部分　教学内容

知识链接　三相异步电动机星三角降压启动控制线路

1. 知识铺垫

1.1　基本概念

降压启动的含义：是指利用启动设备将电压适当降低后，夹道电动机的定子绕组上进行启动，待电动机启动运转后，再使其电压恢复到额定电压正常运转。

Y-△ 降压启动的含义：是指电动机启动时，把定子绕组接成 Y 形，以降低启动电压，限制启动电流。经几秒，当电动机启动后，再把定子绕组接成 △ 形，使电动机全压运行。

1.2　电动机定子绕组 Y、△ 接法如何实现（见图 6-13）

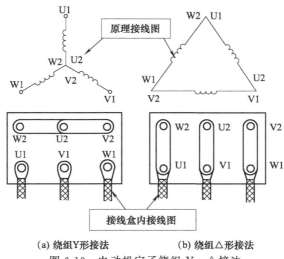

（a）绕组Y形接法　　　　　（b）绕组△形接法

图 6-13　电动机定子绕组 Y、△接法

1.3　电动机定子绕组 Y、△接法时，其绕组上的电压和电流有什么区别？

电动机启动时接成 Y 形，加在每相定子绕组上的启动电压只有△接法的 $1/\sqrt{3}$，启动电流为△接法的 1/3，启动转矩也只有△接法的 1/3。所以这种降压启动方法，只适用于轻载或空载下启动。

结论：凡是在正常运行时定子绕组作△形连接的异步电动机，均可采用这种降压启动方法。

2. 时间继电器自动控制 Y-△降压启动控制线路

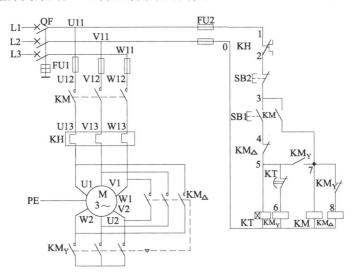

图 6-14　时间继电器自动控制 Y-△降压启动控制线路

如图 6-14，该线路由三个接触器、一个热继电器、一个时间继电器和两个按钮组成。接触器 KM 做引入电源用，接触器 KM_Y 和 KM_△ 分别作 Y 形降压启动用和△运行用，时间继电器 KT 用作控制 Y 形降压启动时间和完成 Y-△自动切换。SB1 是启动按钮，SB2 是停止按钮，FU1 作主电路的短路保护，FU2 作控制电路的短路保护，KH 作过载保护。

3. 线路工作原理图

降压启动：先合上电源开关 QF。

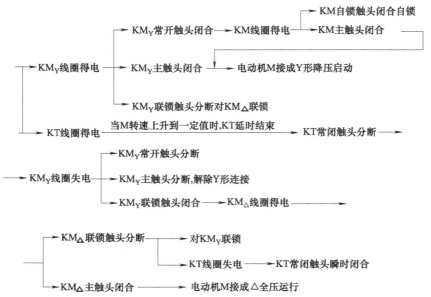

停止时，按下 SB2 即可。

该线路中，接触器 KM$_Y$ 得电以后，通过 KM$_Y$ 的辅助常开触头使接触器 KM 得电动作，这样 KM$_Y$ 的主触头是在无负载的条件下进行闭合的，故可延长接触器 KM$_Y$ 主触头的使用寿命。

4. 时间继电器的结构调整和时间整定

① 结构调整：时间继电器分为通电延时与断电延时两种，只要将固定电磁系统的螺丝松下，将电磁系统转动 180°，结构形式就发生了改变。本电路使用通电延时结构。

② 时间整定：调整固定电磁系统的螺丝前后的距离和调节时间调整选钮，注意箭头的方向。

第三部分　操作技能

技能训练　三相异步电动机星三角降压启动控制线路

1. 任务描述

掌握三相异步电动机的时间继电器自动控制 Y-△降压启动控制线路的安装方法和自检方法。

2. 实训内容

实训任务单

项目名称	子项目	内容要求	备注
三相异步电动机 降压启动	时间继电器自动 控制 Y-△降压 启动控制线路	学员按照人数分组训练： ① 准备实习设备、材料及教学用具； ② 正确放置电器元件； ③ 按顺序启动、逆序停止要求完成电路。	
目标要求			
实训器材	尖嘴钳、螺丝刀（一字、十字）、试电笔、万用表、组合开关、按钮、交流接触器、热继电器、镊子、活络扳手、时间继电器、三相异步电动机等		
其他			
项目组别	负责人	组员	

3. 接线要求

① KT 瞬时触头和延时触头的辨别（用万用表测量确认）和接线。

② 电动机的接线端与接线排上出线端的连接。接线时，要保证电动机△形接法的正确性，即接触器 KM△ 主触头闭合时，应保证定子绕组的 U1 与 W2、V1 与 U2、W1 与 V2 相连接。

③ KM、KMY、KM△ 主触头的接线：注意要分清进线端和出线端。如接触器 KMY 的进线必须从三相定子绕组的末端引入，若误将其首端引入，则在 KMY 吸合时，会产生三相电源短路事故。

④ 控制线路中 KM 和 KMY 触头的选择和 KT 触头、线圈之间的接线。

4. 自检方法

4.1 主电路：

万用表打在 R×100 挡，闭合 QS 开关。

① 按下 KM，表笔分别接在 L1—U1；L2—V1；L3—W1，这时表针右偏指零。

② 按下 KMY，表笔接在 W2—U2；U2—V2；V2—W2，这时表针也右偏指零。

③ 按下 KM△，表笔分别接在 U1—W2；V1—U2；W1—V2，这时表针右偏指零。

4.2 控制电路

万用表打在 R×100 或 R×1K 挡，表笔分别置于熔断器 FU2 的 1 和 0 位置（测 KM、KMY、KM△、KT 线圈阻值均为 2kΩ）。

① 按下 SB1，表针右偏指为 1kΩ 左右（接入线圈 KMY、KT），同时按下 KT 一段时间，指针微微左偏指为 2kΩ（接入线圈 KT），同时按下 SB2 或者按下 KM△，指针左偏为 ∞。

② 按下 KM，指针右偏指为 1kΩ 左右（接入线圈 KM、KM△），同时按下 SB2，指针左偏为 ∞。

③ 类似进行检测。

5. 操作步骤

① 按元件明细表将所需器材配齐并检验元件质量；

② 在控制板上合理布置固定安装所有电器元件，并贴上醒目的文字符号；

③ 在控制板上按时间继电器自动控制 Y-△降压启动控制线路原理图进行板前布线，并在导线端部套编码套管；

④ 不带电自检，检查控制板线路的正确性；

⑤ 校验检查无误后安装电动机；

⑥ 可靠连接电动机和控制板外部的导线；

⑦ 经指导教师初检后，通电校验，接电动机空转试运行；

⑧ 拆去控制板外接线和评分。

6. 安装注意事项

① 电动机必须安放平稳，其金属外壳与按钮盒的金属部分须可靠接地。

② 用 Y-△降压启动控制的电动机，必须有 6 个出线端且定子绕组在△接法时的额定电压等于电源线电压。

③ 接线时要保证电动机△形接法的正确性，即接触器 KM△ 主触头闭合时，应保证定子绕组的 U1 与 W2、V1 与 U2、W1 与 V2 相连接。

④ 接触器 KM_Y 的进线必须从三相定子绕组的末端引入，若误将其首端引入，则在 KM_Y 吸合时，会产生三相电源短路事故。

⑤ 控制板外部配线，必须按要求一律装在导线通道内，使导线有适当的机械保护，以防止液体、铁屑和灰尘的侵入。在训练时可适当降低标准，但必须以能确保安全为条件，如采用多芯橡皮线或塑料护套软线。

⑥ 通电校验前，要再检查一下熔体规格及时间继电器、热继电器的各整定值是否符合要求。

⑦ 通电校验时，必须有指导教师在现场监护，学生应根据电路的控制要求独立进行校验，若出现故障也应自行排除。

⑧ 安装训练应在规定定额时间内完成，同时要做到安全操作和文明生产。

7. 技能评分

电动机降压启动控制操作技能训练评分表

班级		姓名	
开始时间		结束时间	
项目	配分	评 分 标 准 及 要 求	扣分
电器识别及安装	20	① 元件布置不整齐、不匀称、不合理，每处扣 2 分 ② 元件安装不牢固、漏装螺钉，每处扣 2 分 ③ 损坏元件或设备，每次扣 10 分	
布线	30	① 选用导线不合理，每处扣 5 分 ② 不按原理图配线，每处扣 5 分 ③ 布线不横平竖直，每处扣 5 分 ④ 接点松动、裸铜过长、反圈、毛刺、压绝缘层，每处扣 5 分 ⑤ 损伤导线绝缘或芯线，每根扣 5 分 ⑥ 导线乱敷设扣 30 分	
三相异步电动机的时间继电器自动控制 Y-△降压启动控制线路控制电路	30	通电运行不正常，扣 30 分	
时间	10	考试时间 20min。规定最多可超时 5min	每超过 5min 扣 5 分
安全、文明规范	10	操作现场不整洁、工具、器件摆放凌乱	每项扣 1 分
		发生一般事故，如带电操作、考试中有大声喧哗等影响考试进度的行为等	每次扣 5 分
		发生重大事故	本次总成绩以 0 分计
备注	每一项最高扣分不应超过该项配分（除发生重大事故），最后总成绩不得超过 100 分	总 成 绩	
评价人		备注	

参 考 文 献

[1] 俞艳. 维修电工与实训—综合篇. 北京：人民邮电出版社，2008

[2] 刘光源. 简明维修电工实用手册. 北京：机械工业出版社，2004

[3] 赵承狄. 维修电工技能训练. 北京：中国劳动出版社，2001

[4] 李显全等. 维修电工（初级、中级、高级）. 北京：中国劳动社会保障出版社，1998

[5] 曾祥富，邓朝平. 电工技能与实训. 北京：高等教育出版社，2006